CONSEIL DE SALUBRITÉ
DE LA SEINE

HYGIÈNE PUBLIQUE

TRAVAUX

DE MM. ADELON, BAUBE, BEAUDE, BOUCHARDAT, BOUDET,
BOUSSINGAULT, BOUTRON, BUSSY, CADET DE GASSICOURT,
CHEVALLIER, COMBES, DEVERGIE, PAUL DUBOIS, DUCHESNE, GUÉRARD,
HUZARD, JARRY, JOBERT (DE LAMBALLE), LARREY, LASNIER,
LECANU, LELUT, MICHEL LÉVY, MAILLEBIAU, MICHAL,
PAYEN, POGGIALE, DE SAINT-LÉGER, TREBUCHET, VIEL,

RÉSUMÉS PAR

ÉVARISTE THÉVENIN

Membre adjoint à la Commission d'hygiène du 6e arrondissement.

PARIS
LIBRAIRIE MÉDICALE GERMER BAILLIÈRE
Rue de l'École-de-Médecine, 17.

Londres | New-York
Hpy Baillère, 219, Regent street. | Baillière brothers, 440, Broadway.

MADRID, CH. BAILLY-BAILLIÈRE, PLAZA DEL PRINCIPE ALFONSO, 16.

1863

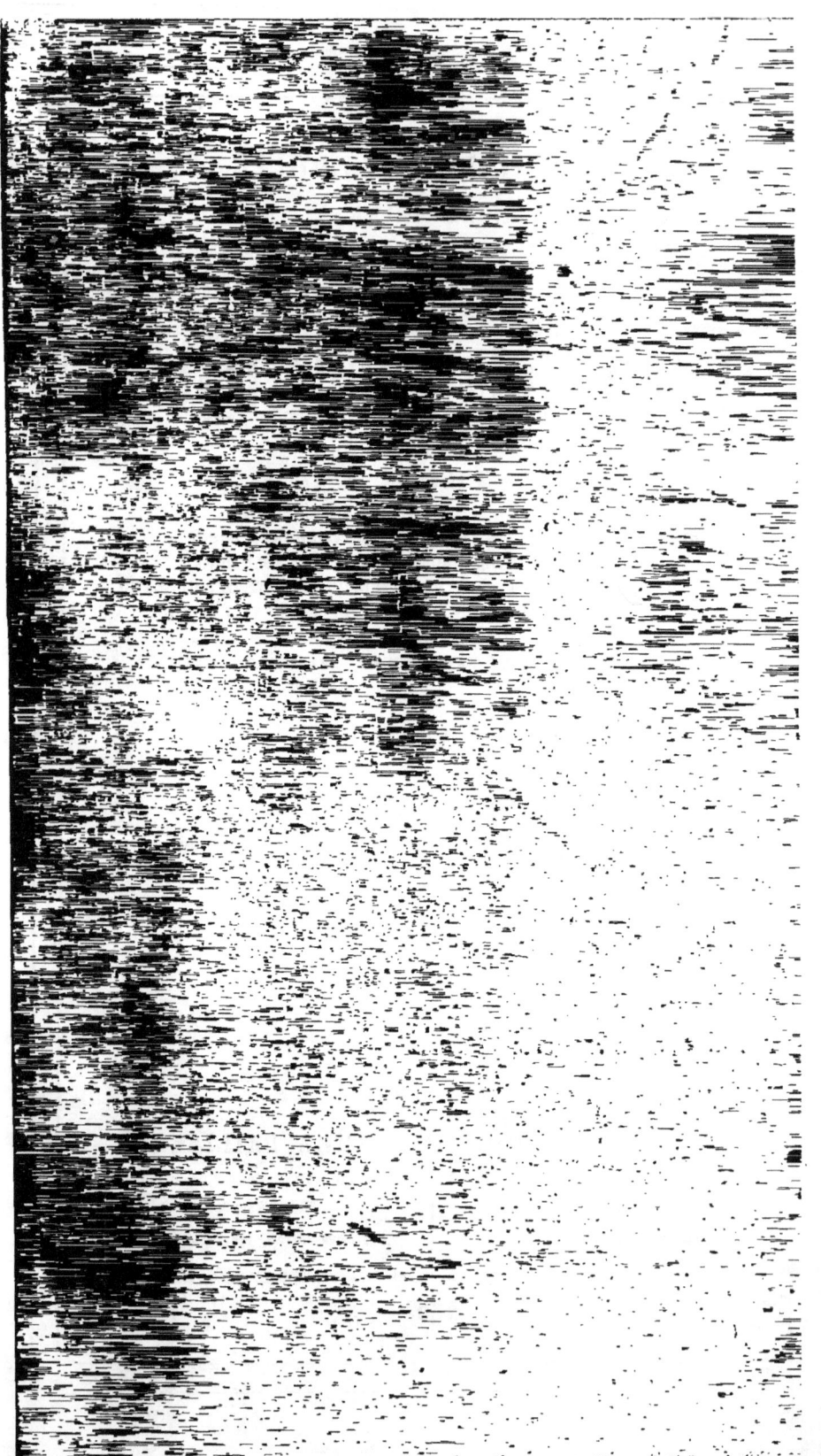

HYGIÈNE PUBLIQUE

OUVRAGES DU MÊME AUTEUR.

Le mariage au XIX⁰ siècle. Ce qu'il est, ce qu'il doit être. 1862, 1 vol. in-18 de 172 pages.................. 1 fr.

Entretiens populaires. 1ʳᵉ *série* par MM. Babinet, Ph. Chasles, Barral et Perdonnet. 1861, 1 vol. in-18............. 1 fr.

— 2ᵉ *série* par MM. Babinet, Geoffroy Saint-Hilaire, Barral, Bouchardat, Perdonnet, Hombert et Etex. 1862, 1 vol. in-18. 2 fr.

— 3ᵉ *série* par MM. Babinet, Trousseau, Lesseps, Bouchardat, Barral, Thierry, Samson. 1863, 1 vol. in-18.......... 2 fr.

Paris. — Imprimerie de L. MARTINET, rue Mignon, 2.

CONSEIL DE SALUBRITÉ
DE LA SEINE.

HYGIÈNE PUBLIQUE

TRAVAUX

DE MM. ADELON, BAUBE, BEAUDE, BOUCHARDAT, BOUDET,
BOUSSINGAULT, BOUTRON, BUSSY, CADET DE GASSICOURT,
CHEVALLIER, COMBES, DEVERGIE, PAUL DUBOIS, DUCHESNE, GUÉRARD,
HUZARD, JARRY, JOBERT (DE LAMBALLE), LARREY, LASNIER,
LECANU, LELUT, MICHEL LÉVY, MAILLEBIAU, MICHAL,
PAYEN, POGGIALE, DE SAINT-LÉGER, TREBUCHET, VIEL,

RÉSUMÉS PAR

ÉVARISTE THÉVENIN

Membre adjoint à la Commission d'hygiène du 6e arrondissement.

PARIS

LIBRAIRIE MÉDICALE GERMER BAILLIÈRE
Rue de l'École-de-Médecine, 17.

Londres	New-York
Hipp. Baillière, 219, Regent street.	Baillière brothers, 440, Broadway.

MADRID, CH. BAILLY-BAILLIÈRE, PLAZA DEL PRINCIPE ALFONSO, 16.

1863

Tous droits réservés.

PRÉFACE.

Mens sana in corpore sano.

Ce ne sont ni mes connaissances spéciales, ni mon autorité scientifique qui me font entreprendre cette publication; je ne veux que vulgariser les conseils des savants dont les décisions font loi.

On n'a jamais édité sur ce sujet d'un intérêt palpitant et universel que des livres de science trop savants pour les uns, trop chers pour les autres.

Mettre à la portée de tous ou du moins du plus grand nombre des principes d'hygiène appuyés sur des faits, des observations, et consacrés par les princes de la science, tel est le but que je me propose.

Jusqu'ici on n'a traité de l'hygiène qu'au point de vue de la théorie ou de son histoire, mais on n'a pas fait connaître les leçons des grands maîtres, on n'a pas publié les rapports, les résultats de leurs travaux, les décisions prises par l'Administration, on n'a pas coordonné tous ces documents en un corps de doctrine; c'est ce que j'ai voulu faire en résumant les travaux du Conseil de Salubrité pendant les dix dernières années qui viennent de s'écouler (1849 à 1860).

Si le public, comme je l'espère, accueille favorablement ce travail, je publierai plus tard le résumé des travaux depuis l'établissement du Conseil (1801).

Ce n'est donc ni une œuvre de flatterie, ni une œuvre de critique, c'est l'exposition (1) abrégée et aussi consciencieuse que possible des études, des enquêtes et des décisions d'hommes éminents dans les sciences et dévoués au bien public.

Nous voudrions faire connaître à tous les instructions pratiques et fécondes élaborées par le Conseil de Salubrité et faciliter ainsi les travaux des *Commissions d'hygiène,* en invitant tous les bons citoyens à leur adresser le résultat de leurs observations et toutes les propositions de nature à faciliter leur délicate mission.

Un philosophe marchait devant son confrère qui niait le mouvement : nous citerons des faits, toujours des faits pour convaincre ceux qui pourraient douter de l'utilité du Conseil de Salubrité.

En dix ans, le Conseil, comme on pourra le voir

---

(1) Les seules additions que nous ayons faites au Résumé des travaux du Conseil de salubrité, consistent dans la publication de la liste par ordre alphabétique du classement des établissements insalubres, la biographie des Membres décédés et la liste des Commissions d'arrondissement de la Seine.   E. T.

par un *Tableau* qui se trouve à la fin du volume, a traité cinq mille trois cent soixante-six affaires qui lui ont été soumises ou qu'il a spontanément évoquées. Ces chiffres sont plus éloquents que des paroles.

Certes si la terre était un Eldorado, les faiseurs de théogonie n'auraient pas eu besoin d'inventer les Champs-Élysées, et ces récompenses posthumes qu'on a, de tout temps, fait briller aux yeux des hommes prouvent que l'existence humaine n'est pas exclusivement tissue de soie et d'or. Si jusqu'ici l'homme a patiemment supporté sa triste condition, ne croyons pas cependant qu'il se soit irrévocablement abandonné à la résignation, cette vertu des lâches; non, il lutte courageusement, et son unique but sur la terre est d'y améliorer son séjour. A ce titre étudions donc l'hygiène qui est, sinon le seul, du moins le premier échelon qui mène au bien-être.

Le jour où ce bien-être matériel sera définitivement conquis, cette phrase consacrée : L'ÈRE DES RÉVOLUTIONS EST A JAMAIS TERMINÉE, pourra devenir une vérité, car la souffrance est la mère du mécontentement, et le mécontentement est l'origine de toutes les secousses sociales.

Rendons grâce à la médecine d'entrer franchement et résolûment dans cette voie; elle commence à jouer son vrai rôle en laissant aux empiriques l'expectative et la réparation; elle devient sagement préventive. Aujourd'hui Molière n'oserait plus la railler.

Tout homme malade par sa faute est un mauvais citoyen :

1° Il peut rendre malade ses parents, ses amis, ses voisins;

2° Il prive la société des fruits de son travail;

3° Il consomme sans rien produire.

Enseignons donc les règles de la véritable hygiène, et nous verrons décroître le nombre des malades par leur faute, par leur incurie ou leur ignorance.

Dans ce *Résumé des travaux du Conseil* tout homme, quelle que soit sa position sociale, trouvera des enseignements précieux pour sa spécialité, ainsi :

Le propriétaire apprendra les moyens d'assainir sa maison, ce qui prolongera sa vie fortunée;

Ira au théâtre sans redouter l'apoplexie ni les fractures, sachant qu'au foyer la Faculté veille sur lui;

Recherchera ou répudiera pour sa table les mets inventés pour flatter innocemment son palais;

Saura à quelle distance la loi relègue de son immeuble les établissements dangereux ou même incommodes;

Pourra même aller en prison sans y compromettre sa santé;

Le locataire y trouvera les moyens de forcer son propriétaire à le loger convenablement ;

Le philanthrope apprendra les dangers professionnels ;

Cherchera à les diminuer ;

Saura quels secours efficaces il doit donner aux blessés, aux asphyxiés, aux noyés ;

Découvrira peut-être, par les réflexions que lui suggérera cette lecture, les moyens d'éviter les inhumations des vivants ;

La mère de famille saura choisir pour ses enfants des écoles salubres ;

L'agriculteur trouvera des aperçus qui, médités, fécondés par sa propre expérience, pourront centupler ses produits ;

Le marchand saura, à l'avenir, éviter les fraudes et les falsifications du fabricant ;

Le consommateur ne se laissera plus duper par les pompeuses et mensongères étiquettes qui, jusqu'ici, lui ont servi d'appât ;

Le chimiste sera dirigé dans ses recherches par de savantes indications ;

L'avocat y puisera de victorieux arguments dans un arsenal de textes, de dates, de lois, d'ordonnances, d'arrêtés, de décrets ;

Le juge pourra en connaissance de cause décider des questions d'hygiène qui lui sont soumises ;

Le médecin y découvrira les causes de certaines maladies dont la raison déterminante avait jusqu'alors échappé à ses recherches;

Le magistrat municipal y trouvera les moyens d'assainir sa commune et par conséquent d'améliorer le sort de ses administrés;

L'industriel y trouvera tous les renseignements nécessaires, indispensables à connaître, les conditions d'hygiène imposées par l'Administration à l'exploitation de son industrie;

L'ouvrier pourra, instruit par ces savantes leçons, se soustraire aux influences délétères de sa profession insalubre;

L'homme du monde apprendra, en lisant ces pages, que, pendant qu'il jouit des douceurs de sa fortune, les savants veillent et les ouvriers travaillent pour augmenter son bien-être;

Enfin TOUS sauront que le CONSEIL DE SALUBRITÉ n'est pas une fiction dont les décisions vont s'enfouir dans les cartons de la bureaucratie. Ils verront et pourront apprécier les nombreux services qu'il a rendus, ceux plus nombreux encore qu'il est appelé à rendre, lorsque tous les hommes intelligents et dévoués au progrès viendront se faire ses correspondants bénévoles, en lui adressant le résultat de leurs observations et de leurs découvertes.

Le concours de tous est dû à cette œuvre de salut commun.

Il serait complétement superflu d'insister sur la valeur des enseignements contenus dans ce livre ; et la créance qu'ils méritent, remontant à des noms incontestés et incontestables, me permet, sans qu'il s'y mêle le moindre grain de vanité, d'en faire l'éloge le plus complet et sans restriction aucune.

Il n'est pas un des lecteurs qui, voulant faire construire un édifice, ou ayant besoin d'une préparation chimique, n'accepterait aveuglément l'avis d'un des ingénieurs ou la formule d'un des chimistes, membres du Conseil de salubrité.

Il n'est pas un lecteur qui, en danger de mort ou seulement indisposé, ne se sentît à moitié guéri, s'il était soigné par un des éminents médecins, membres du Conseil de salubrité.

Qu'on lise donc ces précieuses leçons et qu'on s'y conforme ; je n'hésite pas à affirmer qu'on verra s'affermir la santé publique et augmenter la moyenne de la vie.

Or qui, sur terre, désire autre chose que

Santé et longue vie !

HYGIÈNE PUBLIQUE

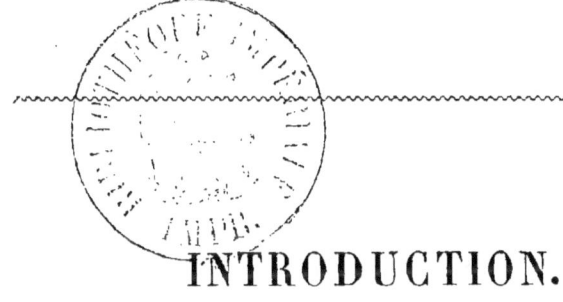

INTRODUCTION.

Le Conseil de Salubrité fut constitué en 1802. Il est évident qu'en France on s'était déjà occupé antérieurement d'hygiène publique; Lavoisier, Guyton de Morveaux, Berthollet, Hallé, Cadet de Gassicourt, Fourcroy, Thouret, Parmentier avaient, sur cette matière, publié d'intéressants mémoires.

De tout temps l'hygiène publique avait préoccupé les législateurs; on en peut trouver la preuve dans nos anciens Capitulaires, dans le trésor de nos vieilles chartes, etc., etc.

En 1350, Jean le Bon avait créé une inspection de santé;

En 1486, le prévôt de Paris défendait aux potiers de s'établir dans la ville;

En 1567, on transportait les tueries *extra-muros*;

En 1575, Ambroise Paré publiait son livre sur la Médecine Légale;

Au XVII⁰ siècle, La Reynie faisait étudier la fabrication du pain;

A la fin du XVIII⁰ siècle, on consultait parfois l'Académie de Médecine sur quelques questions d'hygiène publique; mais tous ces travaux ne partaient pas d'un Conseil centralisateur, éclairé, ayant mission spéciale de s'occuper d'hygiène publique, réunissant des travaux en corps de doctrine.

Sur le rapport de M. Cadet Gassicourt, le préfet de police, M. Dubois (6 juillet 1802) institua le CONSEIL DE SALUBRITÉ; il ne fut d'abord composé que de quatre membres : MM. Deyeux, Parmentier, Huzard et Cadet Gassicourt; chacun de ces membres reçut une indemnité annuelle de neuf cents francs qui fut presque immédiatement portée à douze cents francs.

En 1807 seulement commencèrent à se régulariser les travaux du Conseil; le nombre de ses membres fut porté à sept par l'adjonction des docteurs Leroux et Dupuytren. Un règlement intérieur décida que chaque année le bureau serait renouvelé, qu'un rapport sur les travaux serait présenté et que les séances auraient lieu deux fois par mois.

Les rapides et successifs changements qui eurent

lieu à cette époque dans l'Administration avaient presque annihilé les travaux et l'action de ce Conseil, quand, en 1828, reconstitué par le Préfet, il vit porter à douze le nombre de ses membres titulaires recevant une indemnité de douze cents francs, à six les membres adjoints et en nombre illimité ses associés libres. Le vice-président fut chargé de distribuer le travail. Bientôt le nombre des membres adjoints fut porté à dix, puis à douze, augmentation qui fut ramenée au nombre primitif de six, en 1832, par arrêté de M. Gisquet.

Dès 1828 il avait été reconnu que la présence d'un ingénieur et du président de l'École de Pharmacie pouvait, dans beaucoup d'affaires, être d'une grande utilité; aussi fut-il décidé que l'ingénieur actuel, directeur du pavé de Paris, que l'ingénieur en chef, directeur des eaux de Paris (aujourd'hui ces fonctions sont remplies par le Directeur du Service Municipal), que l'architecte, commissaire de la Petite Voierie, que les chefs de la Division et du Bureau sanitaires feraient partie du Conseil de Salubrité. Depuis on y a ajouté l'ingénieur en chef du département de la Seine; puis, ultérieurement encore, en 1844, un des membres du Conseil de santé des armées.

En 1848, le gouvernement, voulant étendre à toute la France le bienfait de l'hygiène publique réglée administrativement pour Paris seulement, créa, dans chaque arrondissement, un Conseil d'hygiène publique et des Commissions cantonales pour éclairer ce Conseil. Au-dessus de ce Conseil fut institué, au chef-lieu de chaque département, un Conseil supérieur reliant et dirigeant les travaux de toutes les Commissions; enfin, près du Ministre de l'Agriculture, on établit un Conseil suprême d'hygiène chargé de centraliser et de coordonner les travaux de tous ces Conseils.

A Paris la situation est différente; l'arrondissement n'a pas de représentant de l'autorité centrale; les fonctions de Maire sont restreintes; ce sont les deux Préfets qui sont les véritables maires de Paris, considéré comme une seule commune. Dans la capitale les arrondissements ont plus d'intérêts communs que dans les départements; les affaires ont besoin d'être traitées à un point de vue plus collectif. La ville de Paris ne peut donc avoir qu'un seul Conseil de Salubrité, comme elle n'a qu'un Conseil municipal, qu'une Administration municipale.

Comme le fait très bien remarquer le rapporteur, M. Trebuchet, s'il n'existait dans chaque département qu'un seul Conseil placé au chef-lieu, il est évident que ce Conseil ne pourrait prendre qu'une connaissance fort imparfaite des besoins spéciaux de chaque arrondissement.

C'est en conséquence que fut rendu le décret du 15 décembre 1861, qui donne au Conseil de Salubrité de Paris toutes les attributions des Conseils d'arrondissement et des Conseils départementaux.

Ce décret statue qu'il sera créé dans chaque arrondissement de la ville de Paris et dans les arrondissements de Sceaux et de Saint-Denis et à Saint-Cloud, pour les communes de Saint-Cloud, Sèvres et Meudon, une Commission d'hygiène et de salubrité. Ces Commissions sont chargées de recueillir toutes les informations de nature à intéresser la santé publique dans l'étendue de leur circonscription, d'appeler l'attention du Préfet de police sur les causes d'insalubrité qui peuvent exister dans leur arrondissement respectif et elles donnent leur avis sur le moyen de les faire disparaître; elles concourent à l'exécution de la loi du 13 avril 1850 relative à l'assainissement des logements insalubres particulièrement en signalant aux Commissions instituées les logements dont elles ont reconnu l'insalubrité. Elles devront en outre réunir les documents relatifs à la mortalité et à ses causes, à la topographie et à la statistique de l'arrondissement en ce qui concerne la salubrité; le Conseil d'Hygiène est chargé de coordonner, faire compléter, centraliser et résumer tous ces documents dans des rapports.

En 1852, le nombre des membres titulaires du Conseil d'Hygiène fut porté de douze à quinze.

Payant un juste tribut de regret aux membres que la mort a enlevés au Conseil dans ces dernières années, l'honorable M. Trebuchet, dans son rapport, dont ce qui précède n'est que l'analyse, esquisse à grands traits la biographie de MM. Labarraque, pharmacien, Royer-Collard, professeur d'hygiène à la Faculté de Paris, Juge, l'infatigable médecin des pauvres, l'architecte Bruzard, Emery, membre de l'Académie de médecine, professeur d'anatomie à l'École des Beaux-Arts, et Soubeiran, directeur de la Pharmacie Centrale et professeur de physique à l'École de Pharmacie.

A la fin du volume nous reproduirons ces notices et nous y ajouterons celles de MM. Cadet de Gassicourt et Adelon, décédés depuis la rédaction de ce rapport décennal.

PREMIÈRE PARTIE.

CHAPITRE PREMIER.

SALUBRITÉ DES HABITATIONS ET DES ÉTABLISSEMENTS PUBLICS.

Habitations. — Établissements publics. — Chauffage et ventilation. — Sous-sols des églises. — École des filles à Sèvres. — Cités ouvrières. — Crèches. — Prisons. — Théâtres. — Marchés. — Bains publics.

Habitations. — Une première ordonnance de 1848 concernant la salubrité des habitations, fut réformée par une ordonnance plus complète du 23 novembre 1853.

Les maisons, tant à l'intérieur qu'à l'extérieur, doivent être tenues dans un état constant de propreté, être pourvues de tuyaux et cuvettes en nombre suffisant, et convenablement entretenues. Les eaux ménagères doivent avoir un écoulement facile, ne point répandre d'odeur et être conduites dans l'égoût, s'il est possible. Les cabinets d'aisances doivent être disposés, ventilés de manière à ne pas donner d'odeur. Il est interdit d'établir dans les cours ou passages des dépôts pouvant entretenir l'humidité ou vicier l'air par leurs émanations. Si les immondices ne peuvent être conservées dans des trous couverts, si elles peuvent corrompre l'air et compromettre la salubrité, elles devront être enlevées chaque jour. Les écuries et les arènes devront être tenues proprement et avoir un écoulement facile.

M. le Rapporteur établit que les causes intérieures d'insalubrité inhérentes au logement même, rentrent plus particulièrement sous l'application de la loi du 23 avril 1850, relative aux logements insalubres, et dont l'exécution est confiée à une Commission spéciale. « Quant à l'ordonnance du 3 novembre 1853, ajoute-t-il, elle est exécutée d'une manière satisfaisante, grâce aux soins des Commissions d'hygiène. »

Après avoir rappelé les dispositions d'une application générale, le Rapporteur entre sur-le-champ dans l'indication des affaires traitées, se rattachant à l'habitation.

Calorifères. — Le Conseil a dénoncé les dangers des poêles ou calorifères ne communiquant pas avec l'air extérieur. Conformément à la proposition de la Commission de l'ancien septième arrondissement, le Conseil voudrait que l'on en interdît la vente pour les habitations, et qu'ils fussent, dans les magasins de vente, munis d'une plaque indiquant qu'ils ne peuvent servir que dans les serres ou séchoirs non habités.

Charbon. — Certains charbons vendus dans le commerce, comme ne donnant pas d'odeur, peuvent néanmoins être tout aussi dangereux que le charbon ordinaire : ainsi le charbon dit *solaire*, le charbon dit de *Paris*, dégagent tout autant d'acide carbonique que le charbon ordinaire.

Peinture. — Le Conseil a examiné avec intérêt un mode de peinture dit *caloricirium*, mélange de cire de résine, d'huile, de borax, et qui sèche plus vite, et présente moins d'inconvénients que la peinture ordinaire à l'huile.

On a fait beaucoup de tentatives sans succès pour obtenir une peinture vraiment hydrofuge. Le procédé que le Conseil a reconnu le plus satisfaisant est dû à MM. T... et B... ; il a pour principe l'oxyde de zinc et les peroxydes de fer et de manganèse mêlés à l'oxyde sicilicique.

Établissements publics. — *Chauffage et ventilation.* — Les appareils de chauffage et ventilation Duvoir, Leblanc et Grouvelle, sont généralement appliqués aujourd'hui et l'ont été le plus ordinairement avec succès. Les appareils à air chaud sont plus simples, mais ils sont difficiles à régler et à conduire, leur emploi est difficile dans les maisons particulières. Les poêles présentent plus d'avantage dans les habitations privées ; on y conduit le feu à son gré, et la chaleur peut être utilisée à des usages domestiques, avantage que ne présente point le calorifère.

Sous-sols des églises. — Sur la dénonciation de la Commission d'hygiène du 11ᵉ arrondissement, il fut reconnu que les cryptes de l'église Saint-Sulpice, où l'on renfermait les enfants pour le catéchisme, étaient malsaines. Prenant en considération cette juste réclamation, le Conseil de Salubrité a demandé que l'instruction religieuse ne fût plus distribuée aux enfants dans les sous-sols des églises.

École des filles à Sèvres. — La Commission d'hygiène de Saint-Cloud, ayant signalé une école communale placée dans de mauvaises conditions de salubrité, le Conseil de Salubrité n'en demanda pas la fermeture, mais indiqua les moyens pour la rendre salubre.

Cités ouvrières. — La création des cités ouvrières devait naturellement intéresser beaucoup le Conseil de Salubrité. L'expérience semble avoir démontré que les ouvriers n'aiment pas les communautés locatives ; ils préfèrent s'isoler. Le Conseil n'en a pas moins donné son appui au projet de construction d'une vaste cité ouvrière, rue de Charonne, nᵒˢ 150, 152 et 154. On espérait réunir, à cet effet, plus de deux millions ; les constructions auraient occupé une surface de plus de 20,000 mètres ; on pensait pouvoir y loger quatre mille personnes. L'appartement réservé à chaque ménage devait se composer de trois pièces et d'un petit cabinet. Une chambre de célibataire n'aurait été louée que 10 francs par mois. Il y aurait eu une chapelle, de grands ateliers, des bains, des buanderies; on devait, à l'instar de Grenoble, y préparer la cuisine en commun; enfin un calorifère aurait distribué partout la chaleur. Nous ne sachons pas que ce projet ait été réalisé

Habitations en bois et mobiles. — On eut l'idée de construire en bois des habitations que l'on pouvait transporter et placer sur des terrains inoccupés; quelques-unes furent établies. Chaque ménage avait à sa disposition un espace de 6^m,80 de longueur sur 3^m,40 de largeur et 2^m,70 de hauteur, que l'on pouvait diviser par des cloisons en diverses pièces; une seule fosse mobile devait être commune à tous les ménages. Le prix du loyer était fixé à 150 francs. Appelé à examiner ces habitations, le Conseil ne put y voir qu'un moyen transitoire de pourvoir au logement de nombreuses familles embarrassées pour se loger pendant la période de démolition.

Crèches. — Sur l'invitation du Ministre de l'Intérieur qui désirait se rendre compte de l'utilité des Crèches, le Conseil interrogea les Commissions d'hygiène et, par lui-même, constata qu'en général les locaux affectés aux Crèches étaient salubres, que tous les soins sanitaires nécessaires aux jeunes enfants étaient convenablement distribués. Cependant le Conseil appela l'attention du Ministre sur le nombre peut-être insuffisant de berceuses, et sur l'avantage qu'il y aurait à substituer aux berceaux des nattes et des tapis sur lesquels l'enfant peut agir et se reposer plus à l'aise. Il signala aussi la nécessité absolue de consacrer spécialement à chaque enfant son éponge, son peigne, sa timbale, son couvert. Comme on admet peu d'enfants malades dans les Crèches, il a été impossible de constater si la mortalité sévissait plus sur les enfants qui y sont admis que sur ceux qui sont donnés en garde à des entrepreneuses ou qui restent dans leur famille. L'influence morale des Crèches est incontestable aux yeux du Conseil qui, cependant, demande l'agrandissement des locaux, l'adjonction d'un petit jardin et l'augmentation du linge.

Visite des prisons. — A différentes époques et notamment lors de l'invasion du choléra, le Conseil a visité les onze prisons du département de la Seine. En général, il a trouvé l'alimentation bonne et saine, le coucher et l'habillement convenables. Les bâtiments, dont plusieurs n'avaient pourtant pas été primitivement destinés à servir de prison, sont en général suffisants, sauf diverses améliorations d'aménagements qui ont été demandés spécialement pour le Dépôt, pour la Maison de répression de la mendicité qu'il serait convenable de déplacer. Il avait été question de reconstruire cette prison et de la placer, toujours à Saint-Denis, au lieu dit *Maison Gemeau*; le Conseil a fait observer que ce lieu, placé sur une pente, exposé aux inondations de deux ruisseaux, ne convenait nullement comme emplacement d'une prison et que, si l'on tenait à laisser à Saint-Denis le Dépôt de mendicité, le lieu dit le *Barrage* conviendrait mieux.

Service médical des théâtres. — Par arrêté en date du 12 mai 1852, le Préfet de police réglementa le service médical dans les théâtres. Le Conseil de Salubrité fut appelé à déterminer les précautions à prendre, le mobilier des salles affectées à ce service, les médicaments de secours urgent qu'il fallait y conserver toujours en quantité suffisante, tels que l'eau distillée de menthe, l'eau de Cologne, l'eau-de-vie camphrée, l'éther sulfurique, l'acétate d'ammoniaque liquide, l'émétique, la farine de moutarde, le taffetas d'Angleterre, le sirop d'éther, les éclisses et bandelettes pour fractures, etc.

Marchés de la Vallée et du Temple. — La Commission d'hygiène du 11° arrondissement avait signalé l'insalubrité du Marché à la volaille; on y nourrissait des lapins, des pigeons, on y gardait le sang des volailles, on y laissait séjourner le fumier. Sur la proposition du Conseil d'Hygiène, une décision radicale fut prise : on supprimera le marché.

En 1831, le Conseil fut consulté sur un projet de reconstruction du marché du Temple. Le marché actuel contient mille huit cent quatre-vingt-huit places si étroites que beaucoup de marchands, contraints par les exigences de leur commerce, ont été obligés d'en louer deux. Ainsi il n'y a dans le marché que neuf cents et quelques marchands, et quatre cents postulants attendent des vacances pour s'y installer à leur tour. Le projet de la reconstruction de ce marché était dressé pour recevoir de deux à trois mille marchands. Il est encore à l'étude.

Bains publics. — Les accidents dans les bains publics étaient assez fréquents pour imposer au Conseil le devoir d'examiner cette question et de prévenir leur renouvellement. Tout d'abord le Conseil a reconnu que les bains froids devaient être encouragés, comme éminemment salutaires à la santé, et qu'on devait exiger la présence continuelle de maîtres nageurs auprès des baigneurs, tout en respectant les lois de la décence.

Quant aux bains chauds ou plutôt tièdes, ils n'ont été reconnus favorables que pris à une chaleur de 30 à 35 degrés centigrades. Trop chauds, ils peuvent amener une congestion ou une apoplexie. Il faut laisser écouler au moins trois heures entre le repas et le bain. Des renseignements statistiques permettent d'évaluer à deux millions par an les bains fournis par les établissements de Paris.

Le Conseil recommande de tenir séparés les locaux pour les bains des hommes de ceux pour les bains de femmes, d'exiger que toutes les dix minutes les garçons viennent frapper à la porte des baigneurs, et qu'ils ouvrent s'ils ne reçoivent pas de réponse; que les baigneurs puissent ouvrir la porte du cabinet; que les robinets à eau chaude soient garnis de machines en bois, en corne ou en ivoire, qu'on puisse les tourner facilement et qu'ils se referment d'eux-mêmes. Nous devons ici constater à regret que ces mesures de prudence dictées par le Conseil n'ont pas encore reçu la sanction administrative.

Les eaux des bains hydrosulfurés, dits *Bains de Barége*, devront être désinfectés par le chlorure de chaux, ou mieux encore par le sulfate de zinc avant d'être déversés sur la voie publique.

Les bains de vapeur, dont le but est la sudation, se donnent par la chaleur sèche ou par la chaleur humide; ce dernier procédé est certainement bien préférable. Lorsque les étuves sont en bois, la chaleur se conserve beaucoup plus longtemps, et si plusieurs bains sont donnés successivement et sans interruption, la chaleur du bois suffit pour développer un calorique si actif qu'il peut causer une congestion au patient. Il est inutile de dire que l'étuve doit être spacieuse; il lui faut au moins une superficie de 2 mètres carrés sur $2^m,50$ de hauteur, pour que l'on puisse y respirer facilement. L'étuve doit être très claire, prendre le jour par le haut, et permettre de surveiller le baigneur. La voûte devra être pourvue d'un vasistas de 40 centimètres au moins, afin que l'on puisse rapidement ventiler. Chaque étuve doit être munie de deux douches; l'une d'eau froide, l'autre d'eau chaude, communiquant entre elles au besoin, de manière à avoir une pluie à diverses températures, il faut, en outre, un branchage pour porter la douche à volonté sur la partie du corps que l'on voudrait particulièrement traiter. Chaque étuve doit contenir un lit de camp et à portée d'un robinet d'eau froide, afin que le baigneur puisse se rafraîchir la tête. Un thermomètre à alcool coloré doit être placé à portée de la vue du baigneur. « Il importe surtout, dit le Conseil, qu'il y ait un générateur à vapeur uniquement destiné au service des bains de vapeur. Quand la chaudière à vapeur est commune au chauffage des bains à vapeur et des bains ordinaires, le propriétaire a intérêt à obtenir la vapeur sous la plus haute pression possible, afin de chauffer ses étuves à moins de frais; il en résulte que la vapeur arrive brûlante dans les tubes, et que l'étuve est chauffée trop brusquement. » A l'époque du choléra, MM. Payen et Cadet Gassicourt, dans un but d'humanité, ont fait construire des générateurs de vapeur d'un système très simple et tout à fait économique.

Bains d'eau de mer à Paris. — On a proposé de faire venir à Paris l'eau de mer, en la prenant à Harfleur, au moyen d'un tuyau ayant une longueur de 400 kilomètres et 6 centimètres de diamètre. Un autre entrepreneur voulait en faire venir chaque jour par bateaux ou par chemin de fer en quantité suffisante pour desservir une entreprise particulière de bains de mer. Le Conseil avait indiqué quelques prescriptions salutaires, mais les projets n'ont pas encore été mis à exécution. Dans une prochaine publication nous pourrons dire le résultat de l'examen que doit faire le Conseil sur la tentative entreprise à la Frégate-École.

Une association charitable eut l'idée de faire baigner les enfants des salles d'asile et des écoles et, pendant le bain, de désinfecter leurs vêtements. Le Conseil dut rappeler que les jeunes enfants s'enrhument facilement et que, dans les familles pauvres, un rhume mal soigné pouvait aisément dégénérer en grave maladie; qu'on ne pouvait désinfecter le vêtement sale qu'avec le chlore, l'acide sulfureux, l'acide nitrique, etc., toutes substances qui pourraient offrir du danger pour la santé des enfants et qui, dans tous les cas, détruiraient rapidement le tissu des vêtements. Le Conseil recommanda donc de ne faire baigner les enfants que dans la belle saison et fut d'avis qu'il valait mieux changer autant que possible les enfants de vêtement, les laver, les exposer à l'air, que de chercher à les désinfecter par des moyens rapides et dangereux.

CHAPITRE II.

DU SERVICE DES VIDANGES ET DES ENGRAIS.

Vidange et désinfection des fosses d'aisances. — Cabinets d'aisances publics. — Liquide désinfectant. — Accidents. — Dépôts de vidanges et d'immondices. — Fabriques d'engrais.

Vidange et désinfection des fosses d'aisances. — Déjà en 1835, MM. Payen et Buran faisaient connaître des procédés efficaces pour désinfecter les fosses, et M. Parent-Duchâtelet « démontrait que l'écoulement des eaux vannes dans les égoûts ne présentait aucun danger. »

En 1849, on voulut traiter complétement la question; de nouvelles expériences furent faites et l'on reconnut : 1° la possibilité et par conséquent la nécessité de rendre obligatoire la désinfection des fosses d'aisances, au moment de leur vidange. — 2° la présentation à l'examen du Conseil de toute demande d'autorisation de vidange, afin qu'il fût statué sur la valeur du procédé de désinfection.

L'ordonnance de police du 12 décembre 1849 fut rendue en conséquence : elle prescrivit la désinfection des matières contenues dans les fosses avant leur extraction, le procédé devant être préalablement approuvé par le Conseil. Ce premier pas fait, on reconnut qu'il y avait mieux à faire encore; on pensa qu'il serait plus rationnel, plus radical, de déverser dans les égouts, après désinfection complète, le liquide représentant les sept dixièmes de la totalité des matières, quantité considérable qu'on ne transporte qu'à regret à travers Paris pour les conduire à la Villette, où ces liquides ne peuvent qu'embarrasser, puisque les cultivateurs des environs de Paris ne s'en servent pas; on constata d'ailleurs que les eaux de la Seine ne pouvaient être corrompues, ni les égouts détériorés par le déversement de ces eaux désinfectées; dans tous les cas le fleuve n'en reçoit qu'une quantité bien minime, si on la compare à la quantité considérable des eaux de la Seine qui traversent Paris. Les désinfectants ont même, dit-on, l'avantage d'absorber les gaz tenus en dissolution dans les eaux stagnantes des égoûts.

Le 28 décembre 1850, l'autorité préfectorale, s'inspirant de ces vues, posa d'abord en principe que les propriétaires pouvaient à leur guise disposer des matières contenues dans leurs fosses ou les transporter directement au dépotoir et rendit obligatoire l'écoulement des eaux sur la voie publique après désinfection. Il fut statué en outre que, si l'on écoulait les eaux sur la voie publique, il serait dû à la ville 1 franc 50 centimes par mètre cube de matières solides et liquides contenues dans les fosses.

Ces premières dispositions prises, le Conseil reconnut « qu'un des meilleurs moyens pour faciliter la vidange et la désinfection était la séparation des matières dans les fosses; il demanda donc que cette séparation fût rendue obligatoire. »

L'ordonnance du 24 septembre 1819 s'opposait à ce qu'on fît des travaux dans l'intérieur des fosses fixes. Le Préfet dut se borner à inviter le propriétaire à faire ces travaux ; c'est ce qu'il fit le 8 novembre 1851, il les rendit obligatoires pour les fosses mobiles.

En 1854, la question fut reprise; il fut alors reconnu que le déversement à découvert des eaux désinfectées sur la voie publique pouvait avoir des inconvénients, si on était éloigné de la bouche d'un égoût; il fut donc décidé que ces eaux seraient conduites au moyen de tuyaux en caoutchouc; mais comme l'ordonnance du 24 septembre 1819 était rapportée, on proposa d'exiger absolument la séparation dans toutes les fosses, fixes ou mobiles, en la rendant obligatoire pour les fosses à construire, et en attendant la première vidange pour les fosses anciennes. Cherchant toujours à régler d'une manière définitive et favorable à tous les intérêts le service des fosses, le Conseil émit l'avis qu'il serait bon de prescrire absolument l'écoulement des eaux vannes dans les égoûts, mais il n'osa en imposer l'obligation; sa décision fut retenue par plusieurs considérations: d'abord un grand nombre de maisons ne profitent pas encore des eaux dont on veut les gratifier; ensuite la séparation dans les fosses n'est pas assez généralement établie, et enfin les eaux vannes des fosses jetées dans les égoûts pourraient, si elles n'étaient mélangées à beaucoup d'eau, infecter ces égoûts.

On n'obtint donc qu'une incomplète amélioration, laissant encore beaucoup à faire. Ainsi il fut reconnu qu'il était très difficile d'avoir un indicateur certain de la plénitude des fosses et, faute de moyens suffisants, ne pouvant rien prescrire d'absolu à cet égard, ce sont les propriétaires qui restent seuls responsables de l'opportunité de la vidange.

L'exécution de cette ordonnance du 29 novembre 1854 souleva un grand nombre de réclamations; aussi fut-on obligé, en 1857, de reprendre la question. On constata que partout où les séparateurs avaient été établis, la ventilation avait été mal réglée, ce qui avait produit la mauvaise odeur. Quant à la préférence à donner à tel ou tel procédé de séparation, il fut reconnu que la plupart des séparateurs des fosses mobiles se ressemblaient et qu'on pouvait, en conséquence, autoriser indistinctement leur emploi. Le Conseil persista cependant à demander le maintien des séparateurs, toutefois en appliquant avec prudence les dispositions de l'ordonnance. C'est ainsi que l'on opère aujourd'hui.

Il est certain que cet état de choses laisse beaucoup à désirer, surtout quand on considère la quantité des liquides infectes déversés dans la Seine et la perte de ces engrais pour l'agriculture; mais enfin on a obtenu d'heureux résultats dans l'intérêt de la salubrité publique, et l'exécution plus ou moins rigide de l'ordonnance du 29 septembre 1854 ne peut avoir que de bons effets.

Il serait à désirer que, latéralement à la Seine, fût construit un égoût pour recevoir ces eaux vannes si utilisables; ce serait un fécond réservoir dans lequel l'agriculture pourrait puiser et s'enrichir. Cet heureux souhait sera peut-être réalisé, lorsque la science agricole aura trouvé le moyen de transformer sur place toutes les matières perdues, et de les convertir en produits excellents utilisables pour l'agriculture et pour l'industrie.

L'état de cette importante question nous suggère une réflexion que nous présentons très humblement, mais cependant très fermement au Conseil de salubrité.

Placé entre l'Administration supérieure dont il aime à seconder les vues, et les causes du mal qu'il voudrait extirper, le Conseil de Salubrité paraît avoir mis un peu trop de précipitation dans les mesures qu'il a conseillées, et trop d'indécision dans leurs moyens d'application. Peut-être est-ce la force des choses qui a amené ces hésitations ! Peut-être ces incertitudes sont-elles plus apparentes que réelles ! Nous reconnaissons que les lumières du Conseil et le zèle de l'Administration doivent les soustraire à toute critique; aussi ne faisons-nous qu'indiquer l'impression ressentie à la lecture du rapport; cependant la question n'est pas résolue. Si les enquêtes publiques étaient plus dans nos mœurs, il est probable qu'on pourrait trouver par un appel général d'utiles documents là où on le soupçonne le moins.

Cabinets d'aisances publics.—Quant aux cabinets d'aisances publics, il a été reconnu que ceux établis sur les quais ne pouvaient être munis de tuyaux d'appel qu'il faudrait élever à de trop grandes hauteurs, ce qui nuirait beaucoup à l'aspect de la ville ; d'autre part, il y aurait de graves inconvénients à déverser la matière dans la Seine. Le Conseil résolut donc d'inviter l'Administration à établir des fosses mobiles dans les latrines publiques des quais.

A cette occasion le Conseil examina avec intérêt un projet de M. Duglère qui se propose d'utiliser les urines traitées par le sel de magnésie.

Fosses à siphon. — M. Desplanque a proposé un système de *fosses à siphon*, par lequel les matières solides, au moyen du plâtre, sont transformées en engrais et les eaux vannes épurées par l'eau de chaux.

A ce propos, le rapporteur M. Boudet fit connaître ce qui se pratique à Londres ; les eaux des égoûts y sont soigneusement recueillies ; avec un mélange de chaux on en fait des précipités qu'utilise l'agriculture.

Liquide désinfectan. — Différentes compositions désinfectantes ont été soumises au Conseil qui a reconnu comme plus efficaces celles qui ont pour base les sulfates de fer, de cuivre et de zinc.

Accidents. — Si l'on a quelque raison de craindre l'action du gaz délétère sur les ouvriers vidangeurs, il est expressément recommandé de ne les laisser commencer la vidange qu'après avoir injecté les fosses d'eau chargée de chlorure de chaux, d'avoir renouvelé l'air par insufflation ou par aspiration et en tous cas après avoir bridé les ouvriers.

Dépôt de vidanges et d'immondices. — L'autorisation de faire des dépôts de vidanges n'est accordée par le Conseil qu'aux conditions suivantes :

1° Éloignement de toute habitation.

2° Désinfection immédiate des matières au fur et à mesure de leur arrivée au dépôt.

3° Plantation de peupliers autour du terrain de dépôt.

4° Séjour des voitures ou instruments de vidange expressément interdit en dehors du dépôt.

5° Interdiction absolue d'emmagasiner des matières liquides.

Le Conseil a toujours demandé : la suppression ou l'assainissement de la voirie de Bondy, le dépôt de poudrette dans des chantiers spéciaux, l'encouragement des procédés du dépotoir de Grenelle ; dans cet établissement on prépare des engrais ; les matières déposées dans des récipients couverts sont immédiatement désinfectées par des sulfates d'alumine, de fer, de chlorure de fer et de manganèse ; converties en pâte, elles sont pétries, broyées, réduites en poussière et séchées dans des étuves.

A Aubervilliers on ne laisse échapper les gaz du local destiné à la désinfection qu'après leur avoir fait traverser un foyer incandescent et ils s'échappent par une cheminée ayant 25 mètres de hauteur.

Dépôts de boues et d'immondices. — Conformément à l'ordonnance du 8 novembre 1839, rendue sur la demande du Conseil, les dépôts de boue et d'immondices doivent être au moins à 100 mètres des routes et des chemins et à 200 mètres des habitations.

Fabriques d'engrais. — Le Conseil n'autorise les fabriques d'engrais qu'aux conditions fixées ci-dessus pour les dépôts de vidanges.

Une fabrique de coagulation et dessiccation de sang fut autorisée. Le sang provenait des abattoirs. Le Conseil prescrivit que le sang serait d'abord coagulé dans les abattoirs mêmes au moyen d'huile sulfurique et qu'il ne serait ensuite transporté à la fabrique que dans des vases étanches et immédiatement il doit être enfoui sous une couche de terre de 50 centimètres; le mélange du sang avec la matière désinfectante doit avoir lieu au fur et à mesure des demandes d'engrais. Enfoui sous terre, le sang se conserve sans s'altérer.

Engrais dits concentrés. — Plusieurs fois le Conseil a dû dévoiler les procédés frauduleux de quelques industriels qui, sous le nom d'*engrais concentrés*, ne vendaient que des produits sans principe fertilisant; et il serait à désirer qu'on établît dans le département de la Seine un bureau d'essai et de vérification des engrais, comme il en existe un dans le département de la Loire-Inférieure.

CHAPITRE III.

INSALUBRITÉ DE LA VOIE PUBLIQUE.

Ville de Paris. — Arrondissement de Saint-Denis. — Arrondissement de Sceaux. — Communes de Saint-Cloud, Sèvres, Meudon et Enghien (Seine-et-Oise).

Ville de Paris. — C'est surtout au Directeur de la Salubrité qu'il appartient de veiller à la salubrité de la voie publique; cependant le Conseil a dû intervenir dans quelques cas particuliers, nous ne parlerons pas de ceux qui n'offrent que peu d'intérêt.

Canal Saint-Martin. — Le curage du canal Saint-Martin a donné l'occasion au Conseil d'indiquer quelques sages précautions à prendre, entre autres de ne plus autoriser le lavage du linge dans ces eaux stagnantes et infectes. Il a été aussi constaté que la vase du bassin mise à nu avait fermenté et dégagé des émanations insalubres qui avaient causé une épidémie de fièvres intermittentes; le Conseil demanda que la Compagnie concessionnaire fût invitée à faire enlever journellement les matières animales et végétales qui flottaient et se décomposaient à la surface des eaux du canal et que l'Administration ne laissât faire les travaux de curage ou de réparation qu'à la condition de ménager un libre écoulement pour les eaux en aval des travaux.

Arrondissement de Saint-Denis. — *Aubervilliers. Batignolles.* — Le Conseil a demandé pour Aubervilliers la suppression de l'abreuvoir dit de *Crève-Cœur*, et pour Batignolles le règlement du caniveau du chemin des Bœufs en le faisant aboutir à l'égoût. Il s'est plaint de ce qu'à Boulogne on ne surveillait pas assez la construction des fosses d'aisances, là où le règlement en prescrivait l'établissement.

Colombes. — Pour Colombes il a demandé la construction d'un égoût et, provisoirement, le rétablissement de la mare d'évaporation communiquant à un puits d'absorption.

Courbevoie. — Pour Courbevoie, la suppression d'une mare d'eau.

Genevilliers. — Pour Genevilliers, le curage d'une mare et d'un égoût.

Ile Saint-Denis. — Il a été reconnu que pour l'assainissement de l'île Saint-Denis, le bras de la Seine, nommé du *Bocage*, qui sépare l'île en deux sur un parcours de 8 à 900 mètres était infect par ses miasmes dangereux, et a invité l'Administration à prendre des mesures pour son assainissement.

Montmartre. — Pour Montmartre, et particulièrement pour l'impasse *Baudelique*, il a été demandé des travaux d'assainissement.

Neuilly. — Pour Neuilly, la suppression d'un étang.

Nogent-sur-Marne. — Pour Nogent-sur-Marne, la conduite des eaux d'une fabrique de sulfate de quinine et de bleu minéral au-dessous d'une prise d'eau établie pour les besoins de la commune.

Saint-Denis. — Pour Saint-Denis, l'assainissement des eaux du ru de Montfort, l'interdiction à diverses usines situées sur son cours d'y déverser leurs eaux le jour et jamais sans les avoir préalablement purifiées; pour Suresne et Villemonble, des curages; pour la Villette, la suppression de deux mares infectes et leur remplacement par un puisard.

Arrondissement de Sceaux. — *Hospice de Bicêtre.* — Pour Bicêtre, l'établissement de fosses mobiles.

Bondy. — Pour Bondy, des travaux d'assainissement.

Le Conseil a également porté ses salutaires investigations sur les communes de *Châtillon*, *Clamart*, *Fontenay-sous-Bois*, *Grenelle*, *Issy*, *Maisons-Alfort*, *Montrouge*, *Vaugirard*, *Villejuif*. Dans la commune de *Vanves*, la pureté des eaux avait été altérée par les détritus des nombreuses buanderies des blanchisseurs ; le Conseil invite l'Administration à réglementer l'écoulement de ces eaux et à le fixer à des heures déterminées.

Communes de Sèvres, Meudon, Saint-Cloud et Enghien (Seine-et-Oise). — *Sèvres*. — Le ru de Marivelles dont le cours de 12 kilomètres sillonne la commune de Sèvres occupa particulièrement l'attention du Conseil que la Commission d'hygiène locale avait plusieurs fois averti. Ce ru prend sa source à Versailles, près de la voirie de cette ville, de nombreuses industries y jettent leurs eaux de fabrique, des lieux d'aisances sont établis sur son parcours. Le Conseil fut d'avis que ce ru devait être considéré comme un égoût et demanda, à cette occasion, pour Sèvres, la construction d'un autre égoût, l'établissement de bornes-fontaines et un règlement pour l'enlèvement des boues et immondices laissé jusque-là à la discrétion des habitants.

Meudon. — Le Conseil demanda enfin le règlement du cours d'eau de Meudon, l'établissement d'un égoût latéral, l'interdiction des latrines sur le ru, le bon entretien des abords des lavoirs. Considérant que le petit bras de la Seine était pour les habitants de Meudon une cause sérieuse d'insalubrité, le Conseil a pensé qu'il serait utile de le draguer et d'y entretenir un courant suffisant.

Saint-Cloud. — Le Conseil a fait combler un puisard, véritable foyer d'infection, et a signalé comme unique cause d'insalubrité l'absence presque générale de lieux d'aisances dans les maisons particulières, le balayage incomplet des rues et l'enlèvement irrégulier des immondices.

Lac d'Enghien. — Le Conseil a émis l'avis qu'il y avait lieu : 1° de faire curer les bassins du nord et de l'ouest, surtout par dragage, l'eau couvrant la vase ; 2° de détruire les roseaux ; 3° de régler l'écoulement de l'eau à la vanne du moulin, de manière qu'il n'ait lieu que lorsque cette vanne est au-dessus du troisième cran, et qu'ainsi les vases fussent toujours recouvertes de 10 centimètres d'eau au moins.

CHAPITRE IV.

MALADIES PROFESSIONNELLES.

Ouvriers cérusiers. — Ouvriers fondeurs en bronze.— Ouvriers de fabriques d'allumettes chimiques. — Dessinateurs.— Broderies. — Étoffes arsenicales. — Blanchisseuses.

Il est d'un haut intérêt d'appeler la science à rechercher et à faire connaître les moyens d'assainir toutes les professions qui peuvent être nuisibles à la santé. Déjà, dans ce but, le Conseil a fait d'importants travaux et dans la période que nous résumons (1849 à 1858), il s'est occupé de professions insalubres à divers degrés, telles que : la céruse, la fonte, le bronze, les allumettes chimiques, le ponçage des dessins, la teinture avec emploi de l'arsenic, et le blanchissage.

Ouvriers cérusiers. — C'est depuis 1834 et 1837 surtout que le Conseil a cherché, par d'utiles indications, à préserver les ouvriers cérusiers contre les dangers de leur profession. A Lille, où ce produit s'exploite en grand, on n'y emploie que des ouvriers aisés et dans de bonnes conditions hygiéniques ; aussi y signale-t-on moins d'accidents que dans les deux fabriques de Paris, où l'on est obligé de recevoir des ouvriers de toutes professions qui se présentent dans les moments de chômage, ou bien des hommes, même très intelligents, que leur mauvaise conduite a fait renvoyer de leurs ateliers. La plupart du temps ils sont épuisés par les maladies, par les privations, et ils arrivent à la fabrique avec une disposition physique malheureusement très favorable à l'absorption des poussières saturnines qui se trouvent toujours en suspension dans l'atmosphère des ateliers, quelque précaution que l'on prenne.

Nous pensons que, par humanité, le gouvernement devrait encourager les inventeurs à trouver des procédés mécaniques pour soustraire l'homme à ces travaux dangereux; car, s'il est vrai, comme l'a remarqué le Conseil de Salubrité, qu'en général les ouvriers travaillant à la fabrique de la céruse soient presque tous adonnés à l'ivrognerie, il est certain que c'est leur état qui les y pousse. Chacun sait et le Conseil mieux que personne, que la poussière saturnine respirée s'attache aux parois intérieures de la bouche et de l'arrière-bouche, excite une grande altération et, par sa saveur sucrée, dégoûte de tout aliment, excepté des mets fortement vinaigrés, ce qui est un nouvel excitant à la soif. En un mot, nous sommes convaincu que ce n'est pas l'ivrognerie qui conduit les ouvriers à la fabrique de céruse, mais que c'est la céruse qui les conduit à l'ivrognerie.

Nous croyons devoir rappeler à nos lecteurs que les journaux ont publié il y a quelques années une note dans laquelle on engageait les ouvriers exerçant ces professions dangereuses à laisser croître leurs moustaches auxquelles vient s'arrêter une grande partie des atomes délétères qu'ils respirent dans leurs travaux.

Ouvriers fondeurs en bronze et en cuivre. — Le Conseil a décidé : « 1° qu'il n'y a pas lieu d'interdire au nom de la salubrité, l'emploi du poncif au charbon; 2° que ce charbon ne doit pas être mélangé avec des matières siliceuses; 3° qu'il y a lieu d'ordonner que les ateliers de fondeurs en bronze soient convenablement ventilés.

Le Conseil a de plus, le 7 avril 1855, rédigé à leur usage une instruction qui fut portée par l'administration à la connaissance de tous les fondeurs.

Ouvriers de fabriques d'allumettes chimiques. — Plusieurs cas de nécrose des os maxillaires ayant été déterminés par la confection des allumettes phosphorées, le Conseil s'occupe activement des moyens d'en préserver les 1300 à 1600 hommes, femmes ou enfants qui y sont exposés dans les trente-deux fabriques de la Seine. La production annuelle est, en moyenne, d'environ 1 500 000 francs.

Dessinateurs en broderie. — **Étoffes arsenicales.** — Sur les indications d'une Commission d'hygiène du 5ᵉ arrondissement, le Conseil a reconnu que, dans le ponçage des étoffes à dessiner, il était bon de substituer la céruse de blanc de zinc au poncif composé de résine et de blanc de plomb dont on se servait habituellement.

Étoffes arsenicales. — La Commission s'est aussi occupée des dangers que présente l'emploi des verts arsenicaux employés à teindre les étoffes pour fleurs artificielles. En 1861, le Conseil a prescrit les mesures à prendre pour préserver les ouvriers des dangers de ces substances tinctoriales.

Blanchissage. — *Chlorure de chaux.* — Dès 1854,

le Conseil a signalé l'abus du chlorure de chaux servant au blanchiment du linge dont la durée a été diminuée des trois quarts. La question est encore à l'étude.

CHAPITRE V.

ALIMENTATION.

Boulangerie. — Farine ergotée. — Emploi de la viande de cheval à l'alimentation. — Viande signalée comme étant impropre à l'alimentation.—Procédé de conservation des viandes. —Aliments et condiments divers. — Boissons.—Falsification du lait.— Eau. —Café, chicorée, chocolat. — Liqueurs, sucreries coloriées. — Ustensiles, vases de cuisine et autres métaux,—Accidents causés par le sel de plomb.

Les rapporteurs de la loi du 27 mars 1851, disaient : « Il n'y a pas de falsifications d'aliments qui soient inoffensives pour la santé de l'homme livré aux travaux mécaniques ; si le trouble produit n'est pas immédiat, la fraude dérobe à l'aliment la vertu nutritive que promettaient son nom et son prix. C'est surtout contre le pauvre qu'on abuse de la dépendance où retient le *crédit* qu'on lui accorde. — D'ailleurs les fraudes commises dans la fabrication ou le débit des marchandises même offertes au luxe, atteignent indirectement les classes laborieuses. Ce n'est pas s'éloigner de leur intérêt, lié à celui de l'écoulement des produits nationaux, que de signaler les déloyautés qui, parfois, déshonorent et compromettent l'exportation d'ouvrages de nos manufactures, ou des denrées dues à notre sol, depuis nos tissus jusqu'à nos vins. »

« Il ne faudrait pas conclure de ce qui précède, dit le Conseil, que l'industrie et le commerce français sont entre des mains déloyales ; ce serait une grave erreur. Les fraudes, que la loi de 1851 a voulu atteindre, forment des exceptions fort nombreuses, il est vrai, mais qui, cependant, ne peuvent porter atteinte à la considération de l'immense majorité des fabricants et des marchands, ils ont été les premiers à demander à la loi une protection salutaire contre des concurrences funestes, dont la fraude était la base. »

Il est donc indispensable que tous les produits servant à l'alimentation soient vendus sous leur véritable nom.

Boulangerie. — La surveillance sévère exercée sur la boulangerie rend les fraudes difficiles. Quelquefois les farines ont laissé à désirer sous le rapport de la qualité, mais elles ne contenaient rien de nuisible à la santé.

Le Conseil a déterminé d'une manière certaine les types exacts des diverses qualités de farines. Il a reconnu que le mélange de la pomme de terre à la farine était sans inconvénient, qu'il fournissait un pain plus léger, recherché par quelques personnes ; on le désigne sous le nom de pain *étranger*, il se fabrique sur une assez grande échelle en Angleterre. Mais le Conseil a constaté que, sous le même volume et sous le même poids, un pain dans lequel entre la pulpe de pomme de terre, est moins nutritif qu'un pain fait exclusivement avec la farine de froment. La pomme de terre ne renferme pas en effet le principe azoté, le *gluten* que contient la farine. L'addition de trois ou quatre centièmes de pomme de terre dans le pain ne peut donc être incriminée, lorsqu'elle n'est faite que dans le pain de luxe ou de fantaisie.

Le Conseil a interdit la vente d'un pain dit *hygiénique*, dans lequel on faisait entrer 4 grammes d'acide chlorhydrique, ou esprit de sel marin, par kilogr. de pâte. Ce pain était acide, sinon au goût, du moins aux réactifs chimiques.

En 1856, on proposa un nouveau mode de panification. Ce système plus économique, suivant l'inventeur, consistait à introduire dans la pâte du gluten granulé, préalablement digéré dans l'eau chaude.

Il est résulté des expériences faites par le Conseil que le rendement annoncé n'était pas atteint, que le pain avait une nuance gris veiné, qu'il était d'une qualité inférieure, etc. Enfin il fut décidé qu'il n'y avait pas lieu d'autoriser spécialement ce mode de fabrication.

Une question importante fut soulevée. Peut-on permettre aux boulangers d'introduire dans la fabrication du pain d'autres substances que la farine, l'eau, le sel et le levain pour le faire gonfler?

Sans se prononcer d'une manière irrévocable, le Conseil a rejeté l'emploi d'un levain nouveau composé d'orge, de riz, de sarrasin, de pommes de terre bouillies; d'un autre composé de farine de froment germé, de riz, de levûre ou d'alcool.

Sur la proposition du Conseil a été aussi interdit l'emploi d'une substance composée de son et de sciure de bois, connue sous le nom de *remoulage* et servant à faciliter l'enfournement du pain.

Grains ergotés. — Consulté sur les mesures à prendre pour éviter les dangers de l'emploi de grains infectés d'ergot, le Conseil a rédigé une instruction de laquelle il résulte :

1° Que l'ergot est une maladie des graines, évidemment due à une production cryptogamique.

2° Qu'on le reconnaît aux caractères suivants : plusieurs des graines d'un même épi sont remplacées par une substance brune, violacée, presque noire, d'un plus gros volume, ayant une forme allongée, ouvent recourbée, cassante, offrant à l'intérieur une masse grisâtre; on le distingue encore à sa légèreté; il surnage, tandis que les bons grains tombent au fond de l'eau.

3° Que l'action nuisible ou même délétère de l'ergot dans l'alimentation est d'autant plus dangereuse que les proportions en sont plus fortes; huit à dix pour cent ont pu occasionner, parfois, de très graves accidents, déterminer la gangrène et la perte des membres. L'action toxique des grains ergotés est souvent plus énergique encore sur les animaux que sur les hommes.

Enfin, pour prévenir les dangers de ces grains ergotés, le Conseil conclut en recommandant un nettoyage soigneux des grains affectés de cette maladie et en prohibant leur mouture.

Emploi de la viande de cheval à l'alimentation. — Le Ministre de la Guerre avait posé au Conseil ces questions :

1° Dans quelle mesure la viande du cheval pourrait-elle être utilisée dans l'alimentation ?

2° Quels seraient les avantages pouvant résulter de son emploi à l'alimentation ?

3° Quels en seraient les inconvénients ?

Le Conseil a répondu :

1° « Tant qu'un cheval peut travailler, sa chair est d'un prix plus élevé que celle des autres animaux de boucherie. » Il serait plus coûteux d'engraisser un cheval hors de service que tout autre animal de boucherie. On ne peut donc utiliser à l'alimentation que les chevaux jeunes encore, morts par accident ou tués par nécessité. On abat annuellement à Paris 12 000 chevaux, mais le plus grand nombre par maladie ou par vieillesse. L'expérience seule pourrait faire savoir si une boucherie spéciale prospérerait. A Vilvorde, près de Bruxelles, on fait usage de la viande de cheval et dans les autres pays où cet essai avait été tenté, on semble y avoir renoncé.

2° La viande de cheval n'est pas malsaine; elle contient à peu près les mêmes éléments que celle du bœuf. On ne pourrait pas en fournir une quantité suffisante pour faire diminuer le prix de la viande.

3° Cette viande ne présente aucun inconvénient de nature à en interdire la vente. Il serait toujours facile de s'assurer de sa sanité.

Il a été donné par l'Administration une autorisation de vendre la viande de cheval, mais le concessionnaire n'a pu réaliser son projet; il devait, avant la mise en vente, soumettre cette viande à l'examen d'un vétérinaire désigné par le Préfet de police, et elle devait porter un écriteau indiquant sa nature de *viande de cheval* (1).

---

(1) Nous devons, en rapporteur impartial, faire remarquer ici que l'avis du Conseil de Salubrité peu favorable à la viande de cheval n'est pas partagé par tous les hommes compétents. Parmi ses partisans nous citerons notamment un de nos plus grands naturalistes,

Viandes signalées comme étant impropres à l'alimentation. — Le Conseil a reconnu que la viande de taureau, moins bonne que celle du bœuf, n'était pourtant pas insalubre, et que la viande de coches pleines pouvait aussi sans inconvénient être mise en vente; mais que les produits de la conception devaient être rejetés de la consommation « comme présentant un certain dégoût dont le public pourrait s'inquiéter ». Les viandes des chevreaux, des vieilles brebis, des vieilles chèvres ne présentent non plus aucun inconvénient; il en est de même de l'utérus de la vache qu'on peut employer dans la charcuterie.

Un industriel, domicilié à Plaisance, avait eu l'idée de nourrir des volailles avec des viandes gâtées; le Conseil reconnut que ces volailles avaient un goût particulier et se putréfiaient plus facilement.

Il a été également constaté que du gibier avait été empoisonné en mangeant du blé chaulé avec de l'arsenic et que leur viande pouvait offrir des dangers pour le consommateur. — Le chaulage à l'ar-

---

M. Isidore-Geoffroy Saint-Hilaire, et un de nos plus savants chimistes, M. Barral, dont nous avons reproduit les intéressantes leçons faites à l'Association polytechnique en 1860 et 1861. (Voir *les Entretiens Populaires*, 1re et 2e série, publiés par Ernest Thevenin, à la librairie Hachette.) E. T.

senic est défendu par ordonnance royale du 29 octobre 1846; le gibier empoisonné doit être saisi. Il y a du reste des procédés de chaulage plus économiques.

Procédés de conservation des viandes. — Aliments et condiments divers. — La cherté des viandes fraîches et l'alimentation dans les longs voyages donnent un grand intérêt à avoir de bons procédés pour la conservation des viandes.

Jusqu'ici les résultats obtenus laissent beaucoup à désirer.

Un procédé consistant à envelopper les viandes crues ou cuites d'une couche de gélatine a paru insuffisant. Le Conseil a déclaré plus satisfaisant le résultat obtenu par la fumigation des viandes à l'acide sulfureux. Des viandes conservées dans des boîtes de fer-blanc et expédiées de Buenos-Ayres ont été trouvées dans un excellent état de conservation. Rare en France, abondante à Buenos-Ayres, la viande pourrait donner lieu à une grande entreprise favorable au spéculateur et au consommateur.

On a essayé de comprimer la viande, d'en extraire des sucs et d'enfermer ensuite ces produits dans des boîtes de fer-blanc; en y ajoutant la quantité d'eau suffisante on a pu en faire usage.

Le Conseil a rejeté un procédé qui consistait à envelopper la viande dans un papier et à la plonger ensuite dans un bain de résine; la viande contractait le goût de la résine, et ce procédé offrait trop de chances d'incendies. On a essayé aussi sans succès de conserver la viande dans du charbon. Le Conseil a autorisé, à Batignolles, l'établissement d'une fabrique de conserves de légumes épluchés et desséchés au moyen de calorifères. Le Conseil a également déclaré sans danger pour la santé un aliment nommé *Biscuit de bœuf* et qui consiste dans un mélange de farine et de solutions aqueuses chargées de matières animales et additionnées de condiments. On a également autorisé la vente, mais avec surveillance spéciale, des *boudins* composés de sang de bœuf, de veau, de mouton, de lait, de gras de rognons de bœuf et de condiments divers. Il a été interdit de vendre sous le nom de *Lait de bœuf* ou *crème lactine* un liquide obtenu par l'ébullition d'os frais concassés et de viande de bœuf dans une marmite autoclave. Ce produit quoique peu nutritif peut être vendu pour alimentation, mais comme boisson ordinaire. Le Conseil a aussi autorisé la vente des *Pastilles colorées pour bouillon*, mélange de sucre, d'extraits de carotte et d'oignon, de *Potages concentrés*, espèce de biscuit de riz et de froment mêlé à des os frais de bœuf et de mouton; de *Bouillon comprimé*, résultat de l'ébullition de la chair musculaire des bœufs de Wolhynie et de l'Ukraine à laquelle sont ajoutés de la viande blanche et du gibier, et du *Bouillon réduit* fabriqué à Buenos-Ayres.

Il a été constaté qu'un pâté lentement refroidi ou conservé chaud trop longtemps peut être dangereux; il s'opère pendant le refroidissement un développement de petits champignons microscopiques vénéneux; ces champignons empêchent le jus de former gelée; il peut donc être dangereux de manger un pâté qui, étant froid, donne du jus quand on le coupe.

Des expériences réitérées ont démontré que par des lavages successifs et des macérations dans de l'eau aiguisée de vinaigre ou additionnée d'un peu de sel marin on parvenait à enlever aux champignons les plus dangereux leurs propriétés toxiques. Cependant le Conseil invite les consommateurs à n'user que de ceux qui se vendent sur les marchés sous la surveillance de l'Administration, et à se défier absolument des fausses épreuves journellement faites avec une cuiller d'argent, une bague en or, des oignons, etc.

Le Conseil a interdit la vente, sous des noms étrangers, de la farine de haricots et de lentilles et surtout de leur attribuer des qualités nutritives qu'elles n'ont pas. Les tribunaux n'ont pas sanctionné cette décision du Conseil, car chaque jour nous voyons à la quatrième page des journaux annoncer la *Revalescière*. Même décision pour la vente de la *Solenta* qui n'est que de la farine de pommes de terre, du *Rachaout des Arabes*, du *Palamont des Turcs*, qui ne sont que de la farine de glands mélangée à de la farine de maïs pure sucrée ou aromatisée.

S'occupant des falsifications du poivre, le Conseil a demandé qu'il fût interdit de vendre, sous le nom de poivre, les grabeaux, les pellicules et les pédoncules du poivre.

L'emploi du jus de betterave substitué au carmin et à la cochenille pour colorer les confitures a été reconnu sans inconvénient; il en a été de même du sous-carbonate de potasse destiné à faire lever la pâte du pain d'épices, tout en manifestant le désir qu'on cessât de l'employer; le Conseil interdit expressément l'emploi de la colle de Paris pour vernir la pâte du *curcuma-rocou* pour colorer le beurre et les pâtes d'Italie.

Boissons. — Quant à la falsification des boissons, il a été reconnu que la distillation était le seul moyen de reconnaître exactement la proportion d'alcool contenu dans le vin; mais on peut utilement se servir du thermomètre alcoométrique de M. Conaty et du *dilatomètre* alcoolique de M. Silbermann. Le Conseil a constaté que le prétendu *réactif Leclaire*, présenté comme pouvant servir à reconnaître les falsifications du vin, n'était autre qu'une solution de chlorure de barium dont l'emploi ne pouvait qu'induire en erreur.

Si l'usage du sulfate et du plâtre pour éclaircir le vin peut être toléré, il n'en est pas de même de l'alun; à la dose d'un gramme par litre, il doit être considéré comme nuisible.

Le Conseil a été d'avis que la vente de la teinture de *Fismes*, pour colorer les vins, devait être interdite; c'était un mélange de baies d'hyèble, de sureau et d'alun.

Ont été regardés comme falsifiés, les vinaigres fabriqués avec des lies de vin, ou de l'alcool, ou de la mélasse de canne. La vente du vinaigre acétique bien fabriqué est tolérée. Le Conseil ne pense pas que la betterave puisse fournir facilement au commerce un vinaigre de table.

Quand le vin est rare, on fabrique diverses boissons fermentées pour le remplacer; le Conseil en a examiné plus de cent cinquante présentées sous les dénominations les plus variées, souvent bizarres et propres à frapper l'attention publique; mais si elles différaient par leurs désignations, toutes se ressemblaient quant à la composition dont la base principale était du sucre, un acide et un ou plusieurs aromates ou substances toniques.

Le Conseil a appelé l'attention toute spéciale de l'Administration sur ces boissons dans la crainte que l'acide sulfurique n'y fût substitué à l'acide tartrique qui est fort cher, falsification qui a lieu pour les sirops de groseille vendus chez les marchands de vins. Il est rare que ces sirops soient faits avec des groseilles; l'acide tartrique ou peut-être, hélas! l'acide sulfurique mélangé de sirop de fécule en fait la base. On le colore avec du vin, du coquelicot ou des fruits du raisin des bois (myrtille), ce qui fait un assez mauvais sirop.

Falsification du lait. — Gravement préoccupé de cette grave question, le Conseil s'est demandé si la science était bien fixée sur la composition du lait pur, sur les moyens de constater les fraudes, et s'il existait un instrument capable de faire reconnaître d'une manière immédiate et absolue, si le lait est pur ou s'il a été plus ou moins falsifié.

La composition du lait est aujourd'hui bien connue. Le lait de vache se compose d'eau et de matières solides et fixes incapables de se volatiliser sous l'influence d'une température de cent degrés. Ces matières fixes sont essentiellement formées de beurre, de sucre de lait, que l'on désigne aussi sous le nom de *lactine* ou de *lactose*, de *caséine* et d'*albumine*, de *sels* et d'une très faible proportion de matières extractives.

Des variations extrêmes ont été constatées entre le poids de l'eau et le poids des matières fixes. On a imaginé un instrument nommé *lactodensimètre* ou *pèse-lait* qui fait connaître la densité du lait et donne ainsi, dans certaines conditions, des indications précieuses sur sa richesse plus ou moins grande en matières fixes. Il est bon de faire remarquer que cette analyse est une opération compliquée que peuvent seuls faire des chimistes exercés.

Le Conseil regarde la publication d'une instruction générale et officielle sur l'essai du lait comme inutile et même dangereuse en ce sens que les producteurs pourraient y chercher les moyens d'échapper aux investigations de la science.

Bien qu'il n'existe aucun instrument capable d'indiquer à lui seul et directement si le lait est pur ou s'il a été plus ou moins falsifié, on peut cependant avoir dans certains cas des données certaines par l'usage du lactodensimètre. « Lorsque cet instrument, dit le rapporteur, accuse un degré inférieur à la densité minimum du lait pur, on peut avoir la certitude que le lait examiné est falsifié; mais dès qu'il accuse un degré supérieur au minimum, son témoignage perd sa valeur, puisqu'il ne peut signaler aucune différence entre du lait pur et du lait plus ou moins baratté ou écrémé, ou même écrémé et étendu d'eau. En un mot, les fraudes signalées par le lactodensimètre sont certaines, mais il est loin d'indiquer toutes les fraudes, et il n'est pas susceptible d'une application générale. »

Les marchands de lait en gros peuvent être tenus de s'assurer de la qualité du lait qu'ils reçoivent.

Le Conseil a reconnu que le lait écrémé n'était pas nuisible à la santé, mais que vendre pour du lait pur du lait écrémé, c'était tromper sur la nature de la marchandise.

Quant à l'emploi du bicarbonate de soude pour empêcher la coagulation du lait transporté à de grandes distances, il est certain qu'il n'altère en rien la qualité du lait. On en fait dissoudre 95 grammes dans 905 grammes d'eau et on met un décilitre de cette dissolution dans 20 litres de lait. Il n'y a pas lieu, suivant le Conseil, de prohiber cet usage.

Eau. — L'eau considérée au point de vue de l'alimentation a été l'objet des préoccupations les plus constantes de l'Administration et du Conseil de Salubrité.

Filtrage des eaux par le procédé Souchon. — On peut avantageusement se servir du procédé de M. Souchon qui consiste à filtrer l'eau au moyen d'une couche de laine. On imprègne cette laine de tannate de fer pour la rendre imputrescible à la condition qu'elle reste toujours dans l'eau. Si la laine employée au filtrage avait été teinte par le chromate de plomb, elle pourrait à la longue rendre l'eau insalubre.

Le Conseil a reconnu que l'eau conservée par ordre, la nuit, par les porteurs d'eau en cas d'incendie, ne pouvait s'altérer.

Cafés. Chicorée. Chocolats. — On a essayé de bien des façons à falsifier le café. Le Conseil a toujours demandé à ce qu'on ne laissât vendre aucune substance alimentaire que sous son véritable nom. La chicorée mêlée au café ne peut être nuisible, c'est même un mélange agréable pour certaines personnes. Néanmoins le Conseil exige que le mélange de chicorée et de café soit vendu sous le nom de chicorée et non sous celui de café.

Il serait fort à désirer que le Conseil publiât une instruction donnant le moyen de reconnaître les falsifications du café et surtout il devrait demander qu'il fût interdit à la douane de vendre des cafés avariés.

Chicorée. — On a aussi falsifié la chicorée en y mêlant des farines de légumineuses gâtées, des résidus des fabriques de sucre de betteraves. D'après une circulaire ministérielle du 25 juillet 1854, la chicorée ne doit pas donner plus de 5 pour cent de résidus.

Pour les fabriques de chicorée on exige les conditions suivantes : recouvrir les fourneaux d'une hotte surmontée d'une cheminée dans laquelle puissent se rendre tous les produits de la torréfaction et notamment la buée qui s'échappe nécessairement quand on vide les brûloirs; cette cheminée doit dépasser d'un mètre au moins, et dans un rayon de 30 mètres, les maisons voisines les plus élevées; on peut faire usage, pendant la torréfaction, de beurre, de graisse, ou autre corps gras. Le Conseil a déterminé en outre pour quelques-uns de ces établissements, le nombre et la capacité des brûloirs; il a demandé qu'ils ne fussent chauffés qu'avec du coke ou un combustible ne donnant pas plus de fumée, et que la permission fût limitée à deux ans.

Chocolats. — On a poursuivi, après examen du Conseil, une fabrique qui vendait sous le nom de chocolats une composition d'un quart de cacao et trois quarts de sucre ordinaire, de farine de riz et de fécule de pomme de terre.

Liqueurs et sucreries coloriées. — Vases de cuivre et autres métaux. — Accidents causés par les sels de plomb. — Une ordonnance de 1742 défendait d'employer pour les aliments des vases et des matières colorantes pouvant nuire à la santé; ces défenses furent renouvelées en 1777, en 1805, en 1830, en 1832, en 1838 et en 1841. On eut à sévir surtout contre des confiseurs se servant de papiers teints par des substances toxiques telles que le plomb et l'arsenic; on en défendit l'usage, en 1853, même comme enveloppe pour toute denrée alimentaire. Le Conseil a proposé d'interdire la fabrication de tout papier toxique destiné aux confiseurs; la visite annuelle chez ces fabricants a donné des résultats satisfaisants. On a empêché aussi la fabrication des papiers préparés au sulfate de baryte, non pas que cette substance fût nuisible à la santé, mais elle donne au papier un poids qui trompe, au pesage, sur la quantité vendue.

Les règlements des poids et mesures autorisent l'alliage de l'étain à 18 pour cent; le Conseil a demandé que pour l'étain devant être en contact avec les boissons ou les aliments, l'alliage ne fût pas autorisé à plus de 10 pour cent.

L'étamage ne doit se faire qu'avec de l'étain fin, sans alliage, suivant les prescriptions de l'ordonnance du 28 février 1853. Cette même ordonnance statue sur la falsification des sels de cuisine, sur la poudre de plâtre crû à l'aide du sablon mélangé à des sels de varech et de salpêtre; elle réglemente l'emploi de vases en fer galvanisé et en zinc dont l'usage peut être dangereux; des eaux distillées dans lesquelles peuvent se trouver des sels métalliques, altérations que l'on peut reconnaître au moyen du ferro-cyanure de potassium et par le sulfure de sodium.

Le Conseil a reconnu qu'on ne pouvait sans danger pour la santé laisser en contact avec les aliments les branches de laurier ou d'if dont certains restaurateurs ornent leurs marchandises.

Le Conseil a demandé l'interdiction d'une fraude qui consiste à substituer, dans la distillation, la feuille aux fleurs d'oranger.

Il a été causé de nombreux accidents par les sels de plomb employés à la clarification des cidres ou de toute autre boisson. Il a refusé l'autorisation d'employer à l'enveloppe d'aliments de feuilles de plomb, bien qu'elles soient revêtues de feuilles d'étain. Ce contact est interdit même pour le tabac. Le Conseil a demandé que les comptoirs en étain des marchands de vins ou liquoristes ne continssent pas plus de 10 pour 100 d'alliage de plomb et qu'ils fussent sérieusement titrés.

Pour épurer les sucres on a proposé de se servir de sous-acétate de plomb, le Conseil a rejeté cette proposition et a aussi interdit l'emploi de la céruse dans les peintures destinées aux formes à sucre. Par une mesure plus radicale, l'Administration préfectorale de la Seine a étendu cette prohibition de la peinture à la céruse, à tout objet servant à contenir ou envelopper des substances alimentaires.

Eaux. — Il est établi que l'eau distillée ordinaire attaque rapidement le plomb, mais elle ne l'attaque pas quand elle est exempte d'ammoniaque, à moins qu'elle soit aérée. L'eau de Seine, au repos, n'attaque le plomb que d'une manière insensible, elle est sans action sur les alliages d'étain et de plomb; s'il y a frottement, elle dissout le plomb et en contient bientôt une quantité notable. Par ces motifs, on ne doit pas conserver dans des vases de plomb, les eaux destinées à la boisson et aux usages domestiques.

L'eau du puits de Grenelle et les eaux des puits ordinaires sont sans action sur le plomb et sur les alliages d'étain et de plomb.

L'eau de Seltz attaque énergiquement le plomb et ses alliages, même celui qui contient 90 d'étain et 10 de plomb.

Les eaux pluviales attaquent rapidement le plomb. Les réservoirs en zinc peuvent être employés avec sécurité.

Le Conseil a interdit, comme pouvant donner lieu à des maladies saturnines une *eau de Cologne* aromatisée par de l'essence de thym et dans laquelle entrait une certaine quantité d'acétate de plomb.

CHAPITRE VI.

SECOURS PUBLICS, ÉTABLISSEMENTS MORTUAIRES, DÉCÈS, ÉPIDÉMIES.

Secours aux noyés, asphyxiés, blessés. — Inhumations précipitées. — Embaumements. — Le transport des cadavres. — Amphithéâtres d'anatomie. — Morgue. — Cimetières. — Statistique des décès. — Épidémies. — Maladies contagieuses. — Épizooties. — Appendice.

Secours aux noyés, asphyxiés ou blessés. — L'arrêté du Préfet de police en date du 29 avril 1800, fut le premier acte rendu sur l'administration des secours aux noyés. Le 25 août 1806, il fut renouvelé et accompagné d'une instruction rédigée par le Conseil de Salubrité. Par arrêté du 27 mai 1815, sur la proposition du Conseil, le Préfet de police créa un *Directeur des secours publics*. Depuis 1815, l'ordonnance de police et l'instruction concernant les secours aux noyés et asphyxiés ont été renouvelées plusieurs fois en 1822, en 1826, 1842 et 1850. On supprima l'emploi de la pompe à air comme pouvant offrir des dangers.

« La prétention de dégager les voies aériennes en aspirant les mucosités qui les obstruent est dénuée de fondement. »

Les fumigations sont recommandées, on en a obtenu de bons résultats, mais celles au tabac ne doivent être employées qu'à la dernière extrémité et en *désespoir de cause*.

Dans les cas d'asphyxie, la putréfaction étant le seul indice certain de la mort, il est prescrit par l'ordonnance du 28 février 1853, d'administrer avec opiniâtreté tous les secours pouvant rappeler à la vie. Il faut isoler l'asphyxié; cinq à six personnes suffisent à le soigner, la température de la salle doit être à 17 degrés centigrades.

Un noyé doit être étendu sur le côté droit, la tête légèrement inclinée en avant, le front soutenu; on écarte avec précaution les mâchoires, on comprime doucement le bas-ventre et alternativement de bas en haut et les deux côtés de la poitrine, de manière à faire exécuter à ces parties les mouvements qu'elles font en respirant. Après ces premiers soins qui ne doivent durer que quelques minutes, il faut envelopper le malade et le transporter, la tête nue et un peu élevée ainsi que la poitrine, au bureau de secours. Là on le dépouille complétement de ses vêtements, on l'enveloppe dans un peignoir de laine, on le coiffe aussi d'un bonnet de laine, et on recommence quinze à vingt fois de suite les frictions en imitant le jeu de la respiration; on s'arrête ensuite environ dix minutes pour recommencer après. Si, pendant les efforts plus ou moins pénibles que fait le noyé pour respirer, on s'aperçoit qu'il a des envies de vomir, il faut provoquer le vomissement en chatouillant le fond de la bouche avec la barbe d'une plume. Il faut bien se garder de le suspendre par les pieds dans l'intention de lui faire rendre l'eau qu'il pourrait avoir avalée. CETTE PRATIQUE EST EXCESSIVEMENT DANGEREUSE. Dès que le malade commence à respirer, il faut suspendre toutes les frictions et promener la bassinoire à eau chaude par dessus le peignoir, particulièrement sur la poitrine, le long de l'épine du dos et sur le bas-ventre, en s'arrêtant plus longtemps au creux de l'estomac et aux plis des aisselles. En même temps on le frictionne avec des frottoirs de laine chauds sur les cuisses, les bras et principalement le long de l'épine du dos et sur la région du cœur ; on brosse doucement, mais longtemps, la plante des pieds ainsi que le creux des mains. Quand le malade revient à lui, on peut, pour le ranimer, lui introduire dans la bouche quelques gouttes d'eau-de-vie ordinaire, d'eau-de-vie camphrée, d'eau de mélisse, ou d'eau de Cologne.

Si, après une demi-heure d'administration assidue de ces soins, le noyé ne donnait aucun signe de vie, on peut insuffler de la fumée de tabac dans le fondement. Quand le malade revient à la vie, il faut le coucher chaudement, le laisser respirer ; si la somnolence dure trop, il faut lui appliquer entre les épaules ainsi qu'à l'intérieur des cuisses et aux mollets des sinapismes (pâte de farine de moutarde et d'eau tiède), et lui poser six à huit sangsues derrière chaque oreille.

Quant aux asphyxiés par le gaz méphitique, il faut d'abord les déshabiller et les asseoir au grand air ; si l'asphyxie a été causée par une fosse d'aisances, il faut arroser le malade d'eau chlorurée (1), lui jeter abondamment de l'eau froide au visage, sur le corps, provoquer les vomissements ; dès qu'il est possible, lui faire boire de l'eau vinaigrée, puis enfin le coucher dans un lit chaud et lui administrer un lavement auquel on aura ajouté deux cuillerées à bouche de vinaigre.

On traite de la même façon les asphyxiés par la foudre.

---

(1) Préparation de l'eau chlorurée :

Prenez : Chlorure de chaux sec. 30 grammes.
Eau................ 1 litre.

On verse d'abord sur le chlorure de chaux une petite quantité d'eau pour l'amener à l'état pâteux, puis on le délaye dans la quantité d'eau indiquée. On tire la liqueur à clair et on la conserve dans des vases de verre ou de grès bien fermés.

On peut aussi employer, avec avantage, l'eau chlorurée préparée avec le chlorure d'oxyde de sodium, en mettant 40 grammes de chlorure dans un demi-litre d'eau.

Quant aux asphyxiés par le froid, il ne faut leur ramener la chaleur que lentement et progressivement; les mettre dans un tas de fumier, c'est les asphyxier.

Asphyxie par pendaison. — Il faut enlever tous les vêtements qui peuvent empêcher la circulation, coucher le malade la tête et la poitrine un peu élevées; si la face est violette et l'empreinte du lien noirâtre, on peut mettre derrière chaque oreille ainsi qu'à chaque tempe, six à huit sangsues.

Les *asphyxiés par la chaleur* doivent être portés dans un endroit plus frais, être saignés; on leur donne des bains de pieds et des boissons acidulées; si l'asphyxie persiste, on leur applique huit à dix sangsues derrière chaque oreille, ou quinze ou vingt à l'anus.

Quant aux *blessés*, il faut laver légèrement la plaie, si elle est légère, la rapprocher, la fermer avec du taffetas d'Angleterre ou des bandelettes de sparadrap; s'il y a contusion ou bosse, mettre des compresses d'eau fraîche avec addition de quinze à vingt gouttes d'extrait de saturne pour un verre d'eau; à défaut d'extrait de saturne, on peut se servir de sel commun. S'il y a hémorrhagie, il faut chercher à l'arrêter par un tampon d'amadou, de charpie ou de linge. Si le malade vomit le sang, il faut le placer sur le dos, lui faire prendre par petites gorgées de l'eau fraîche. En cas de brûlure, il faut replacer les parties d'épiderme soulevées, percer les ampoules, mettre du cérat ou de l'huile d'amandes douces, imbiber d'eau fraîche. S'il s'agit de luxation, déboîtement ou fracture, il faut attendre le chirurgien ; en cas de syncope, desserrer les vêtements, coucher le malade horizontalement, la tête faiblement élevée, frictionner les tempes et les narines avec du vinaigre, et la région du cœur avec de l'alcool. Si le malade est ivre, on peut lui faire prendre de l'eau sucrée avec addition de dix à quinze gouttes d'ammoniaque. Si l'on peut se procurer de l'acétate d'ammoniaque, on en administrera de préférence vingt à vingt-cinq gouttes.

Le Conseil a constaté qu'après la mort par submersion le sang restait fluide ; cette fluidité est un *signe certain* de la submersion pendant la vie.

La forme des brancards pour le transport des blessés a été améliorée ; on les a faits en fer, leur poids ne dépasse pas 25 kilogrammes, les rideaux se ferment mieux, ils sont garnis de toile imperméable.

Inhumations précipitées. — Un sentiment de crainte bien naturelle a considérablement grossi les quelques faits cités pour prouver les dangers des inhumations précipitées. Il importe donc d'être bien fixé sur la certitude des signes de la mort ; suivant

M. Bouchut, on la reconnaît à la rigidité des membres, à l'absence de contraction des muscles, à la putréfaction, à l'immobilité du cœur constatée par l'auscultation. M. Crimotel a proposé l'épreuve galvano-magnétique. La mort est certaine, lorsque les muscles ne se contractent plus sous l'influence des courants galvaniques ou magnétiques ; il a en conséquence inventé un petit appareil magnéto-électrique qui peut fort bien servir à cette constatation ; mais, sous peine d'être induit dans une funeste erreur, il faut une grande expérience pour pouvoir se servir avec certitude de cet instrument. Il pourrait rendre des services plus certains dans les secours à donner aux noyés et aux asphyxiés.

« L'appareil de M. Crimotel est bon, il est utile, mais il ne peut pas encore être préconisé, parce que les appareils d'induction ne sont connus que d'un très petit nombre de médecins. »

Le Conseil a toujours pensé que l'établissement des *dépôts mortuaires*, qui serait fort onéreux, était inutile au point de vue de la constatation des décès. Seules sont utiles les salles des morts établies dans les hospices, et comme les salles d'autopsie, elles doivent être éloignées des habitations, cachées à la vue des malades, très vastes et bien aérées.

Le Conseil de Salubrité avait demandé que l'on étendît à toutes les solutions métalliques toxiques, la prohibition formelle d'employer l'arsenic dans les embaumements ; le Conseil d'État a rejeté cette proposition. D'ailleurs la plupart des embaumements s'opèrent aujourd'hui avec le sulfate d'alumine mêlé de chlorhydrate et d'un sel de fer, ou encore avec du chlorure de zinc.

Embaumements. — Afin d'empêcher qu'un crime pût être dissimulé par un embaumement, le Conseil a proscrit pour ces opérations toute matière toxique.

Transport des cadavres. — Le cadavre doit être placé dans un cercueil en bois de chêne de 27 millimètres d'épaisseur et s'il est transporté à plus de 200 kilomètres, le corps doit être placé dans un cercueil de plomb de 2 millimètres, renfermé dans un cercueil en chêne et entouré d'une couche de 6 centimètres d'un mélange pulvérulent, composé d'une partie de poudre de tan et de deux parties de charbon pulvérisé. Le Conseil a autorisé l'emploi d'une mixture préparée avec de la sciure de bois blanc tamisée et du sulfate de zinc ou de fer, le tout parfumé avec de l'essence de lavande. Le Conseil a prohibé l'emploi d'un enduit composé de soufre et de goudron minéral provenant des usines à gaz par la distillation de la résine ; il a, au contraire, autorisé l'emploi de certaines toiles imperméables.

Amphithéâtres d'anatomie. — Les amphithéâtres d'anatomie de l'École Pratique, rue de l'École-de-

Médecine, placés au centre de la population près d'un hôpital destiné aux femmes en couche, contenant environ 70 à 80 tables de dissection et recevant en moyenne chaque année quatorze à quinze cents corps, sont périodiquement l'objet des plaintes les plus vives de la part du voisinage. Le Conseil a donc proposé d'interdire la dissection du 1er avril au 1er octobre, d'injecter au sulfite de soude tous les corps, de tenir propres tous les locaux et les mobiliers par des lavages fréquents à l'eau chlorurée, de n'effectuer que la nuit le transport des corps des hôpitaux aux amphithéâtres dans les vingt-quatre ou trente heures au plus après le décès, surtout en été.

Morgue. — Chargé d'en étudier l'emplacement, le Conseil a reconnu qu'une Morgue doit être placée dans un quartier populeux, de manière à attirer l'attention du public. Sur près de quatre cents individus reçus annuellement à la Morgue, la reconnaissance de la moitié est due au hasard. Cet établissement doit être bien aéré et autant que possible exposé au nord. Les tables d'exposition doivent être en marbre et inclinées pour faciliter l'écoulement de l'eau que répandent des robinets irrigateurs en arrosoir. La salle d'exposition doit être carrée, close, terminée en dôme, avec une cheminée très large et vitrée en avant, afin de laisser voir les corps exposés. Il faut à côté de cette salle un local pour laver les corps et les vêtements, et un magasin pour conserver ces vêtements cinq à six mois. Une dalle d'autopsie bien aérée est indispensable. Il est interdit d'y laisser demeurer des employés; le service doit être fait jour et nuit; il doit y avoir de l'eau en abondance.

Cimetières. — On ne doit autant que possible fouiller ces terrains que quand les corps sont complétement consommés. Si des cercueils en plomb ont résisté au temps, conservé les chairs, alors il faut donner issue aux gaz en perçant à l'aide d'une vrille les soufflures du métal; si l'on ouvre le cercueil, il faut préalablement y introduire une solution de chlorure de chaux, absorber les liquides stagnants avec de la tannée sèche, du son ou de la sciure de bois; si le corps doit être déplacé, le saupoudrer de noir animal et de chlorure de chaux sec, faire des aspersions d'eau chlorurée dans la fosse, si la terre se trouve imprégnée de matières putrides; enfin obliger les ouvriers à se laver les mains avec le même liquide, avant, pendant et après le travail d'exhumation.

On recommande les plantations d'arbres à racines très courtes de préférence aux arbres à racines pivotantes. Le Conseil a insisté pour qu'il fût placé dans les cimetières de Paris un ventilateur à palettes porté sur des roues, afin de pouvoir être facilement transporté partout où se ferait sentir le besoin de ventilation, particulièrement pour renouveler l'air des chapelles, des caveaux.

Statistique des décès. — En 1850, les éléments de la statistique générale des décès, se composent de :

1° Un tableau nosographique des maladies qui peuvent être cause de mort.

2° Un relevé statistique des décès par âge, par sexe et par nature de maladie.

3° Un relevé numérique du même décès, par arrondissement et par quartier.

Le Conseil a eu l'heureuse idée d'y ajouter les relevés des décès par profession.

Dans la classification des maladies on a réuni sous une appellation commune plusieurs affections du même organe. On reporte au compte de leurs quartiers les individus décédés dans les hôpitaux. La population ouvrière figure presque toujours dans les chiffres les moins élevés de la mortalité des hôpitaux. — La statistique du *suicide* est soigneusement dressée. En résumé, la statistique générale des décès a reçu tout le développement qu'elle comporte.

Épidémies. — **Maladies contagieuses.** — **Epizooties.** — Le choléra sera l'objet d'un rapport spécial. Le Conseil a eu à s'occuper de quelques maladies épidémiques ou contagieuses qui se sont produites partiellement sans se montrer bien dangereuses, de quelques *ophthalmies* dans des écoles, de quelques cas de *suette* et de *typhus* à Lariboisière et au Val-de-Grâce.

Quelques cas de *morve aiguë*, de *farcin*, de *charbon* ont été soumis à l'examen du Conseil. Il a été reconnu que la morve se communique moins souvent qu'on le pense du cheval à l'homme. Plusieurs moyens ont été proposés pour traiter la morve, mais ils ont été reconnus inefficaces. Quant aux animaux atteints de charbon, ils peuvent facilement communiquer leur maladie aux hommes. Les animaux morts de cette affection doivent être soigneusement enterrés.

Une ordonnance de police du 31 août 1842 prescrit aux personnes qui soignent les animaux de cesser leur service toutes les fois qu'elles auront, aux mains et aux poignets, des coupures, des écorchures ou autres plaies, et de ne pas le reprendre avant d'être parfaitement guéries. Elle recommande aussi à ces personnes, bien qu'elles ne soient ni blessées, ni écorchées, de se frotter les mains et les poignets avec de l'huile ou de la graisse avant de panser les animaux et de laver les harnais et ustensiles d'écurie.

Il a été reconnu que le *charbon* pouvait se communiquer par la manipulation des débris d'animaux putréfiés.

Le Conseil pense qu'on peut se dispenser de détruire les vêtements et les objets de literie ayant servi à des malades de la morve ou du charbon en les plongeant le plus tôt possible dans un bain d'eau chlorurée faite avec *une partie de chlorure de chaux délayée dans quinze à vingt parties d'eau* et en les y maintenant immergés pendant vingt-quatre heures au moins ; on doit ensuite les lessiver et les blanchir de la manière ordinaire. Les objets de laine doivent être immédiatement introduits dans un soufroir, et y rester exposés à l'action de l'acide sulfureux pendant soixante à soixante-douze heures ; la plume des oreillers doit être soumise à l'action de la vapeur d'eau bouillante ; il faut repeindre les fers ou bois de lit.

Hydrophobie. — Trois cas seulement ont été signalés au Conseil dans cette période décennale, le premier en 1850, le second en 1852, le troisième en 1858 ; encore ce dernier cas est-il douteux.

Chaque année à la suite de l'ordonnance concernant les chiens est publiée l'instruction suivante, rédigée par le Conseil de Salubrité.

1° Toute personne mordue par un animal enragé, ou soupçonné tel, devra à l'instant même, presser sa blessure dans tous les sens, afin d'en faire sortir le sang et la bave.

2° On lavera ensuite cette blessure, soit avec de l'alcali volatil étendu d'eau, soit avec de l'eau de lessive, soit avec de l'eau de savon, de l'eau de chaux ou de l'eau salée, et, à défaut, de l'eau pure ou même de l'urine.

3° On fera ensuite CHAUFFER A BLANC un morceau de fer que l'on applique profondément sur la blessure.

Musellement des chiens. — Quoique cette mesure fort ancienne ait été souvent attaquée comme pouvant contribuer au développement de la rage, le Conseil, ne trouvant pas ces accusations fondées, a constamment proposé de la maintenir, excepté dans les cas où les chiens sont tenus *en laisse*.

Appendice. — *Constatation des naissances à domicile.* — Le Conseil appuie cette proposition au double point de vue de la santé des enfants et de la régularité des constatations.

Électricité. — Il est reconnu que l'application de l'électricité au traitement de certaines maladies peut avoir des avantages, notamment dans les affections rhumatismales ; mais l'emploi d'un agent aussi puissant que l'électricité réclame toujours, aux yeux du Conseil, l'intervention d'un médecin ; la présentation d'une ordonnance ne suffit donc pas pour autoriser une personne étrangère aux connaissances médicales à employer cet agent thérapeutique.

Lumière électrique. — Des essais ont été autorisés. Le Conseil a émis l'avis que ces expériences, non moins utiles qu'intéressantes, n'offraient aucune espèce de danger d'incendie ou d'explosion, et qu'elles pourraient être autorisées.

SECONDE PARTIE.

CHAPITRE PREMIER.

ÉTABLISSEMENTS DANGEREUX, INSALUBRES OU INCOMMODES.

Abattoirs publics. — Porcheries. — Charcuteries. — Vacheries. — Fabriques d'alumine.

Abattoirs. — Le Conseil cherche autant que possible à favoriser l'établissement des abattoirs publics. L'ordonnance du 15 avril 1838, lorsqu'il y a un abattoir public, supprime toutes les tueries particulières qui sont toujours insalubres. Les eaux des abattoirs publics doivent être conduites dans les égoûts, leur écoulement doit être facile, le dallage bien fait et bien entretenu, les murs, jusqu'à 2 mètres, doivent être construits en meulières et chaux hydraulique; il faut que l'eau y soit abondante. La fonderie à feu nu est proscrite, ainsi que toute fabrique d'engrais; le fumier doit être enlevé au moins deux fois par semaine l'été, et une fois l'hiver. Dans les abattoirs, l'aérage et la ventilation ne doivent rien laisser à désirer. Les précautions les plus sévères sont prises contre l'incendie; les lavage sfréquents sont recommandés, et il est interdit de nourrir les porcs avec les chairs d'autres animaux. Pour éviter leurs cris, les porcs doivent être assommés. La préparation des *menus de porcs* doit être faite dans les abattoirs; les charcutiers doivent se servir d'eau chaude qui s'écoule facilement; les tables sont enduites d'huile ou de cire pour que les matières anormales ne puissent y pénétrer et on doit les laver chaque jour après le travail.

Abattoirs particuliers. Tueries. — Les animaux doivent être abattus la nuit; à six heures du matin toute trace doit avoir disparu. Les puisards sont tolérés, mais à la condition d'être bien étanchés et vidés comme les fosses d'aisances. Les abattoirs particuliers des porcs présentent moins d'inconvénients, tous les résidus de l'animal étant utilisés.

Porcheries. — Les *porcheries* peuvent être très insalubres, il est nécessaire de les éloigner de toute habitation; l'écoulement de leurs eaux doit être facile, un puisard présenterait trop d'inconvénients; la litière doit être renouvelée fréquemment; il est interdit d'extraire des graisses ou des huiles des aliments destinés à la nourriture des porcs, d'employer à leur nourriture les débris putréfiés des abattoirs et les pains de cretons, et enfin de les abattre dans l'établissement.

On refuse aux établissements publics le droit d'élever des porcs; on autorise seulement d'en engraisser quelques-uns pour l'usage de la maison. « En résumé, les porcheries sont des établissements insalubres et qui, suivant l'avis du Conseil, doivent être l'objet d'une surveillance très active. »

Charcuteries. — Les *charcuteries* sont l'objet de règlements particuliers, le Conseil n'a à s'en occuper que dans des cas spéciaux, et il a reconnu que l'usage des salpêtres n'avait rien d'insalubre. En Angleterre, pour 168 kilos de viande, on emploie 350 grammes de nitre ; à Hambourg, on emploie le sel marin mêlé de nitre ; le Conseil interdit l'emploi du *sel de morue* dans toutes circonstances.

Triperies. — Cuisson de gras double, de têtes de mouton (3ᵉ classe.). — Il est bien difficile d'exercer l'industrie de la triperie avec celle de la charcuterie; les mêmes locaux ne conviennent pas; il est prudent de ne pas favoriser le cumul de ces deux professions. Dans les triperies on ne doit point abattre d'animaux, y nettoyer les intestins frais, y fondre des graisses, y brûler des os, des matières animales et même de la tourbe. Il faut que la cour, les ruisseaux soient en bon état, que les fourneaux tirent bien et soient revêtus de hottes; que les raclures des panses et débris soient enlevés chaque jour, en un mot que les ateliers soient tenus proprement.

Vacheries. — Dans les communes de 5000 habitants et au-dessous ces établissements ne sont pas classés. Il est évident que dans les locaux malsains, la santé des vaches peut être compromise et qu'alors leur lait devient mauvais. Les conditions que l'on exige généralement sont celles-ci :

Les étables doivent avoir au moins 3 mètres d'élévation, un système de ventilation facile, les fumiers doivent être enlevés l'été au moins trois fois par semaine et deux fois l'hiver et toujours avant le lever du soleil si elles sont voisines d'habitations. Le nombre des vaches est fixé suivant la grandeur de l'étable; le sol doit être pavé et en pente pour conduire les eaux dans l'égout le plus voisin ou dans une citerne étanche que l'on vide à la manière des fosses d'aisances. S'il y a des trous à fumier contigus aux habitations, on doit, pour empêcher la filtration, construire un contre-mur auprès du mur mitoyen.

Le Conseil a fait tous ses efforts pour éloigner les vacheries de Paris et a toujours défendu de coucher dans les étables : « Un air décomposé, brûlé par la respiration des vaches, chargé de l'humidité et de l'odeur des excréments et des urines, ne peut être que nuisible à la santé. »

Bergeries. — Ces établissements ne sont pas classés, pourtant ils présentent les mêmes inconvénients que les vacheries. Le Conseil, consulté sur les mesures à prendre à leur égard, a indiqué les mêmes recommandations que pour les vacheries en y ajoutant l'obligation de ne jamais conserver dans les bergeries d'animaux de *pouture*.

CHAPITRE II.

TRAVAIL DES PEAUX ET AUTRES DÉBRIS D'ANIMAUX.

Dépôts de cuirs verts. — Tanneries. — Corroieries. — Mégisseries. Maroquineries. — Hongroieries, chamoiseries. — Sécrétage de peaux et de poils de lapin. — Peigneurs et apprêteurs de peaux, lustreurs en pelleteries. — Boyauderies. — Fabriques de gélatine. — Fabriques de colle forte et de colle de peaux. — Fabriques d'huile de pieds de bœuf. — Aplatissage de cornes. — Préparation du crin. — Fabriques de noir animal. Révivification. — Chiffonniers. — Abattoir d'Aubervilliers. — Moyens d'utiliser les débris d'animaux, à Constantinople.

Les tanneries, les corroieries, les mégisseries, prennent chaque jour plus d'importance et nécessitent une surveillance active.

Cuirs verts (dépôts de 1re classe). — Pour la préparation des peaux fraîches d'animaux récemment abattus, les locaux doivent être vastes, aérés et dallés en pente quand on veut pratiquer la macération. Il est défendu de laisser séjourner plus de vingt-quatre heures les cuirs verts dans l'établissement, on ne doit écouler les eaux de macération que la nuit ; les eaux doivent être fréquemment renouvelées et conduites jusqu'à l'égout par un conduit souterrain.

Tanneries (2ᵉ classe). — En général, on ne doit autoriser ces établissements qu'à proximité d'un égoût ou d'un cours d'eau dans lequel on peut, sans inconvénient, jeter les eaux de tanneries; mais il y aurait danger à les déverser dans un puisard ou sur la voie publique. On doit y exiger de grands réservoirs d'eau ; les ateliers, les cours et les passages doivent toujours être bitumés ; les ruisseaux et les caniveaux entretenus en bon état. Il est interdit d'y brûler aucun débris provenant des opérations, ils doivent être enlevés au moins deux fois par semaine, une bonne ventilation est indispensable dans les ateliers, les lieux de dépôt doivent être pavés à chaux et à ciment.

Corroieries (3ᵉ classe). — Les corroieries moins insalubres que les tanneries, sont néanmoins soumises à peu près aux mêmes conditions. Il leur est en outre défendu de fabriquer, sans autorisation, le dégras servant à enduire les peaux avant le séchage ; les séchoirs doivent être entretenus en bon état, et convenablement ventilés, l'eau de macération souvent renouvelée..

SÉCRÉTAGE DES PEAUX.

Mégisseries (2ᵉ classe). — Les mégissiers assèchent leurs peaux, les lavent au moyen de la chaux et de l'orpiment et les épilent ; il faut que dans les ateliers qui doivent être fermés, il y ait une cheminée d'aération, que les eaux ne s'écoulent pas sur la voie publique ; toutes les autres conditions sont les mêmes que celles imposées aux tanneries. On les éloigne des lieux de plaisance et des habitations. Le Conseil désirerait qu'on renonçât à l'emploi de l'orpiment, l'arsenic offrant des dangers dans toutes les fabrications.

Maroquineries, hongroieries, chamoiseries (2ᵉ cl.). — Mêmes conditions que pour les tanneries, les corroieries et les mégisseries.

Sécrétage des peaux et poils de lapin (2ᵉ classe). — Cette industrie est incommode pour les émanations provenant des peaux, pour l'emploi des acides, par la dispersion des poils dans l'atmosphère, etc. L'emploi des solutions mercurielles et d'acides arsenicaux offre des inconvénients assez graves pour les ouvriers. Ordinairement on impose à ces établissements les conditions suivantes : construire l'étuve en matériaux incombustibles, surmonter cette étuve d'un tuyau s'élevant au-dessus des combles de la maison, ne pas préparer le nitrate de mercure qui doit être acheté tout fait, n'écouler ni déposer des sels mercuriels sur la voie publique, ne pas brûler les rognures de peaux ; bien ventiler, garnir les fenêtres de toiles métalliques, afin d'empêcher le dégagement extérieur du duvet de peaux de lapin ; enlever deux fois par semaine les rognures provenant des opérations ; bien aérer les locaux où l'on dépose les peaux de lapin et les cuirs ; éloigner ces dépôts des habitations.

Peigneurs et apprêteurs de peaux — Lustreurs en pelleterie (3e classe). — Ces opérations n'occasionnent aucun bruit, aucune fumée, aucune mauvaise odeur, et il suffit d'ordonner que les eaux soient conduites à l'égout, et que les ateliers soient fermés pendant le battage, pour que la poussière ne puisse s'échapper et gêner les voisins ; ces ateliers, dans l'intérêt des ouvriers, doivent être bien ventilés ; il est interdit de brûler les rognures de peaux.

Boyauderies (1re classe). — Il faut d'abord avoir beaucoup d'eau, ensuite qu'elle puisse facilement s'écouler dans l'égout. La plupart des boyauderies sont mal installées, et donnent lieu à des plaintes fondées. Les obligations suivantes leur sont imposées : n'avoir que des intestins préparés dans les abattoirs, défense absolue d'introduire des abats dans les fabriques, plonger, dès leur arrivée, les matières dans des cuviers de trempage, renouveler fréquemment les eaux, laver souvent les ateliers, les asperger de chlorure de chaux, enlever chaque jour les débris, les eaux sales des baquets et des puisards, bituminer tous les ateliers, avoir des cheminées d'appel. Le procédé Labarraque devrait être employé dans toutes les boyauderies.

Fabriques de gélatine (3ᵉ classe). — On obtient ce produit fort employé en faisant macérer des débris d'animaux dans de l'eau mêlée à une certaine quantité d'acide chlorhydrique, en y ajoutant ensuite de la chaux pour neutraliser l'acide. Le Conseil prescrit de n'employer que des résidus sans odeur, de les désinfecter constamment, de les enlever au moins deux fois par semaine, de n'écouler sur la voie publique que des eaux désinfectées, de les conduire, si c'est possible, à l'égout, de ne brûler aucun résidu de fabrication, de surmonter les fourneaux d'une hotte, de daller les ateliers avec une pente suffisante.

Fabriques de colle forte (1ʳᵉ classe), et de *colle de peaux* (2ᵉ classe). — On emploie pour fabriquer la colle forte des débris animaux en *vert*, c'est-à-dire non corroyés; l'odeur en est infecte. On impose à ces établissements les mêmes précautions qu'aux fabriques de gélatine. Si l'on emploie des appareils à vapeur, les gaz des matières en fabrication doivent être ramenés et brûlés dans le foyer des fourneaux.

La fabrication des *colles de peaux* offre en général

peu d'inconvénients; elle est soumise aux mêmes conditions que les fabriques de gélatine. On fait enlever les marcs de colle dans les vingt-quatre heures qui suivent la cuite et l'on défend de les brûler.

Fabriques d'huile de pieds de bœuf (1re classe). — La fabrication de ces huiles qui servent à graisser les rouages délicats, tels que ceux de l'horlogerie, présente peu de dangers d'insalubrité. On prescrit un bon écoulement des eaux ou leur enlèvement dans des vases clos, de les placer sous des hangars et de ne pas les laisser séjourner, de renouveler chaque jour en été, et deux fois par semaine en hiver, les eaux servant au lavage des débris d'animaux, de laver le sol, d'asperger les matières animales avec de l'eau chlorurée.

Aplatissage des cornes (3e classe). — On ramollit les cornes dans l'eau chaude, on les redresse et on les coupe en plaques. Les dépôts de cornes et les eaux infectent. Il faut tenir à ce que les eaux soient renouvelées fréquemment, que le chauffage de la corne, qui s'opère à feu nu, soit fait sous une hotte communiquant à une cheminée élevée; les cornes doivent être bien parées, l'écoulement des eaux facile; il est interdit de brûler les rognures des cornes.

Fanons de baleine (3e classe). — Mêmes inconvénients, mêmes obligations.

Préparation du crin. — On peigne le crin, on le déroule en corde, on le fait bouillir dans l'eau. Le battage du crin donne beaucoup de poussière qui peut occasionner aux ouvriers des maladies cutanées et même le charbon ; la buée des chaudières dans lesquelles on le fait bouillir, est d'une odeur fort désagréable. Il faut ventiler, conduire l'air chargé de poussière sous des grilles, ou au moins dans la cheminée des fourneaux. Les eaux doivent s'écouler très facilement, et les résidus être enlevés avec précaution.

Fabriques de noir animal (1re et 2e classe). *Révivification*. — Ces fabriques fort incommodes, sont de deuxième classe, quand elles brûlent leur gaz et leur fumée, mais elles ne le font jamais complétement ; il est toujours prudent de les reléguer à une assez grande distance des habitations. On leur impose l'obligation de brûler tous les produits gazeux et volatils des os en calcination au sortir du four, de ne brûler dans les fourneaux ni os, ni graisses, ni douves de tonneaux ayant contenu des matières animales, de surélever les cheminées des fours où s'opère la calcination des os, et de n'opérer cette calcination que pendant la nuit, de ne conserver les os entiers que lorsqu'ils sont asséchés ou recouverts d'une couche de charbon en poudre, épaisse de 10 centimètres, de déposer, après le débouillage,

5.

les os loin des habitations et sous un hangard fermé et bitumé.

On obtient la *révivification du noir animal* en le débarrassant des matières albumineuses qu'il a enlevées au sucre, et qui neutralisent ses propriétés décolorantes. On le place dans des tours cylindriques chauffés à 500 degrés, il ne perd à chaque opération que 4 à 5 pour 100.

« Cette industrie n'est pas nominativement classée, mais comme le noir animal est exactement du charbon d'os, et que la révivification de ce dernier produit est rangée dans la deuxième classe, quand la fumée est brûlée, ce classement s'applique de droit à la révivification du noir animal. »

Telle est la jurisprudence du Conseil. Les conditions à prescrire sont celles que l'on applique à la carbonisation des os. Si le charbon à révivifier a besoin d'être préalablement séché, il faut exiger une hotte munie d'un tirage suffisant.

Chiffonniers (2ᵉ classe). — Il n'est question ici que des chiffonniers exerçant cette industrie, ayant des dépôts, recevant les chiffons tels qu'ils ont été recueillis ; certains n'achètent que les chiffons blancs, d'autres que les peaux de lapins ; tous achètent les os et le verre cassé. En général, il est bon d'éloigner autant que possible ces industries des habitations, que leurs dépôts soient fréquemment enlevés, l'hiver au moins trois fois par semaine, et tous les jours l'été. Il est interdit de laisser macérer les os ; les peaux de lapins et les chiffons de laine doivent être enlevés au moins tous les quinze jours ; il en est de même des chiffons lavés et des papiers. On ne doit conserver dans la boutique ni peaux fraîches, ni chiffons sales ou humides. Les chiffonniers sont astreints à renfermer leurs os dans des sacs en forte toile, à paver ou bituminer leurs magasins, et à les laver souvent à l'eau chlorurée. Les chiffons doivent être lavés à la rivière avant d'être emmagasinés. Dans l'intérêt des chiffonniers eux-mêmes, leurs logements doivent être souvent visités, ils sont d'une saleté qui peut leur être fort nuisible.

Abattoir d'Aubervilliers (1re classe). — Aux conditions générales, on ajoute celle-ci : de ne point avoir dans l'abattoir de dépôt d'huile et d'os secs, d'exiger des garçons équarrisseurs des livrets, comme pour les autres ouvriers admis dans l'abattoir, de ne les y loger qu'avec la permission du Préfet. Le Conseil a particulièrement insisté sur l'enlèvement des matières dans les vingt-quatre heures, ou, dans le même laps de temps, leur conversion en produits non putrescibles ou désinfectés. Ainsi, défense a été faite de traiter les pieds des chevaux dans l'abattoir, cette opération exigeant plusieurs jours.

Moyens d'utiliser, à Constantinople, les débris

d'animaux. — Le Conseil fut consulté par le gouvernement turc, pour savoir comment, à Constantinople, on pourrait utiliser les débris d'animaux. On n'avait pas à ménager pour l'industrie, comme à Paris, le sang et les os. Le Conseil fut d'avis qu'il y avait lieu de diviser et de mélanger les intestins et matières excrémentitielles avec deux fois environ leur volume de terre, de les mettre en tas dans des exploitations rurales, et de les recouvrir de fumier ordinaire, on aurait par ce moyen d'excellents engrais. Les os peuvent être trempés dans un lait de chaux (une partie de chaux pour 100 d'eau), puis séchés à l'air et envoyés à Marseille, à Nantes, au Havre, où les os manquent pour la fabrication du noir animal.

CHAPITRE III.

CORPS GRAS.

Fonte de suifs et de graisses. — Fabriques d'acide stéarique et de bougies. — Fabriques de chandelles. — Fabriques de savons. — Fabriques de dégras. — Fabriques et épurations d'huiles.

Fonte de suifs et de graisses. — Jadis on fondait à feu nu, c'est ce qu'on appelait la *fonte au creton*. Le pain de creton donné comme nourriture aux chiens, aux porcs, est une mauvaise alimentation. M. d'Arcet enseigna à fondre en employant l'acide sulfurique étendu d'eau. Cette fonte par les acides donne un suif plus blanc, mais qui laisse suinter, après plusieurs jours de refroidissement, une substance fluide (acide oléique) qui lui donne un aspect gras. Le mode de fonte à la vapeur donne de bons résultats; divers procédés ont été proposés, ils ont tous paru assez bons pour que le Conseil se crût autorisé à proposer de défendre, dans les abattoirs, la fonte à feu nu, malgré les répugnances de quelques industriels peu éclairés.

Les conditions imposées sont celles-ci : opérer la fonte des suifs à vase clos et par l'intermédiaire de la vapeur, du bain-marie, des acides ou des alcalis, avoir soin que le tirage se fasse avec facilité; ne pas conserver les suifs en branches plus de vingt-quatre heures dans les fondoirs avant de les soumettre à la fusion; bituminer le sol des ateliers, paver les cours et entretenir le tout en bon état; couvrir les chaudières; n'introduire dans les fonderies ni flambards, ni suifs, ni triperies; ne brûler aucun résidu de suifs, ni les débris de tonneaux ayant servi au transport et à l'emmagasinement des suifs; ne pas verser sur la voie publique les eaux acides provenant de la fonte; ne laisser séjourner aucun résidu dans l'établissement.

On doit surveiller encore plus activement la fonte des suifs chez les tripiers, fonte des intestins et autres débris d'animaux, le suif d'os ou suif brun, produit d'os mis en ébullition ; il faut leur imposer les mêmes conditions que pour la fonte des suifs en branches et tenir sévèrement la main à leur exécution.

On retire de la chaux qui a servi à la saponification du suif le peu de suif qui y est encore mêlé, en la remplissant d'eau on la délaye, on la fait précipiter par l'acide sulfurique. Ces préparations ne dégagent pas de mauvaises odeurs, elles ne présentent pas plus d'incommodités qu'une petite fabrique de chandelle. On a autorisé ces établissements avec interdiction d'écouler les eaux sur la voie publique et de fondre les graisses vertes ou de cuisine, les suifs de triperies et les flambards.

Fontes de graisse, ou *à feu nu* (1re classe), ou *au bain-marie à vases ouverts,* ou *à vases clos* par l'action du bain-marie ou de la vapeur.

Pour la fonte à feu nu il faut exiger l'éloignement de toute habitation et imposer les mêmes conditions que pour la fonte des suifs en branches. Quant à la fonte par le bain-marie, il faut exiger que les chaudières soient à double fond, munies d'un tube indicateur du niveau de l'eau et d'une soupape de sûreté. La fonte des graisses par ce procédé n'a aucun inconvénient sérieux, aussi n'est-elle pas classée. On défend de brûler les tourteaux (résidus des graisses mêlées avec de la sciure de bois), ils répandent en brûlant une odeur infecte, ils ne peuvent être utilisés que comme engrais.

Fabriques d'acide stéarique et de bougies (2e cl.). — Cette fabrication a pris une grande extension, on fait fondre le suif, on y mélange de la chaux dans la proportion de 14 à 15 pour 100. Le savon de chaux obtenu est décomposé par l'acide sulfurique; il forme du sulfate de chaux que l'on presse pour obtenir un acide stéarique, solide, blanc, cassant, dont on fait la bougie, et un acide oléique, liquide, huileux, qui sert pour le graissage des laines ou la fabrication des savons. Quand il est brassé par la saponification, cet acide répand des vapeurs fort incommodes; on a obvié à cet inconvénient en opérant à vases clos. Dans ce procédé on ne fait usage que de 2 pour 100 de chaux au lieu de 14 à 15; il y a enfin grande économie d'acide sulfurique.

La *distillation des matières grasses* est une opération nouvelle. L'expansion du gaz qui se produit lorsque l'acidification des matières grasses placées dans la cornue n'a pas été complète, présenterait de graves inconvénients, si les fabricants n'avaient le plus grand intérêt à condenser les gaz pour ne point les perdre.

Les conditions à imposer pour la fabrication d'acide stéarique sont : de couvrir les cuves, donner un bon écoulement aux eaux qui pourraient gâter celles des puits voisins, élever le tuyau de la cheminée, distiller dans un atelier isolé, construit en briques et en moellons, et couvert en fer, brûler le gaz, avoir tous ses conduits en métal, arroser continuellement d'eau froide le condenseur.

La *fabrication* ou *coulerie de bougies* n'est soumise qu'à des conditions peu importantes, si elle a lieu dans un établissement séparé de l'usine où se fait l'acide stéarique. Cet acide stéarique ne doit être fondu qu'en pain. Lorsqu'on mélange cet acide à du suif, la cuve doit être fermée avec un couvercle de bois revêtu d'une étoffe épaisse et les fenêtres closes. Dans cette industrie, la fraude consiste à introduire trop de suif en l'*enrobant* d'une couche d'acide stéarique.

Fabriques de chandelle (2e classe). — Ces établissements sont réellement incommodes, quand la fonte se fait à feu nu, quand les produits journaliers dépassent 500 kilogr., et qu'on y brûle les douves et tonneaux imprégnés de suif. Pour ces établissements d'une certaine importance, on peut n'autoriser l'étendage que pendant l'hiver, prescrire toutes les mesures nécessaires pour éviter les incendies, couvrir les chaudières de fonte d'un couvercle de métal, carreler ou daller le sol de l'atelier, surmonter les chaudières de hottes communiquant avec la cheminée, ne laisser écouler sur la voie publique aucune eau de fabrication et ne conserver aucun résidu.

On a autorisé à Saint-Denis une fabrication fort curieuse où, pour blanchir le suif, on le soumet à une rotation violente, après avoir, dans un bain-marie, élevé sa température à 80 ou 90 degrés. La machine de rotation mue par un moteur à vapeur fait de 800 à 1000 tours par minute, on agite ainsi le suif pendant quarante à soixante minutes. Le bruit de cette machine à rotation, l'immense quantité de suif que l'on peut fondre, et l'étendage considérable de bougies-chandelles fabriquées présentent de tels inconvénients qu'il y a lieu d'isoler ces établissements.

Fabriques de savon (3ᵉ classe). — Quand on emploie des matières animales, la fabrication du savon présente peu d'inconvénients, l'écoulement des eaux est peu considérable; le fabricant a intérêt à utiliser les liqueurs alcalines ou salines; il n'y a point de vapeurs délétères. On doit donc se borner à prescrire de ne jeter aucun résidu de chaux sur la voie publique, de ne point surélever la cheminée de l'établissement, de construire au-dessus des chaudières une hotte portant les vapeurs dans la cheminée, de ne point conduire les eaux sur la voie publique.

La fabrication du savon avec des matières animales présente les inconvénients des fonderies de suifs ou de graisses; on doit donc leur appliquer les mêmes dispositions. Il faut insister sur l'obligation de ne faire qu'à vases clos le débouillage des matières premières par l'acide sulfurique, de bituminer le sol des ateliers, de ne laisser couler sur la voie publique aucune eau ni résidu, et de n'en point conserver dans l'établissement.

L'*extraction des corps gras des eaux savonneuses* (2ᵉ classe) est soumise à toutes les conditions des savonneries.

La loi du 11 juin 1845 a fixé la composition normale du savon pour 100 parties :

    64 de corps gras,
    34 de lessive alcaline,
    2 de matières insolubles sont tolérées.
    ———
    100

Les fraudes que l'on signale portent surtout sur le poids, l'introduction dans le savon de substances étrangères, la substitution de l'huile commune à l'huile d'olive, etc. La marque du fabricant est une garantie.

Fabriques de dégras (1ʳᵉ classe). — On prépare le dégras au moyen d'un mélange d'huile de poisson, de suif et autres corps gras à l'usage de la corroierie.

On chauffe, on décante, on mêle avec du suif 3 à 7 pour 100, etc. Cette fabrication est soumise aux prescriptions ordinaires pour la buée des chaudières, l'écoulement des eaux, le pavage des ateliers, etc.

Fabriques et épurations des huiles (2e classe). — Cette fabrication présente en général peu d'inconvénients. Pour la pression on se sert de moyens mécaniques : meules, manége, presse à vis, récipients. Il y a à prendre des précautions contre les dangers d'incendie, les mauvaises odeurs provenant des buées, l'écoulement des eaux acides, le dépôt des résidus infects, etc. La fraude la plus commune consiste à mélanger, ce qui est d'ailleurs sans aucun danger, de l'huile d'œillette à l'huile d'olive.

CHAPITRE IV.

HUILES MINÉRALES ET ESSENTIELLES, GOUDRONS, — VERNIS.

Distillation de l'huile de schiste. — Huiles grasses et huiles de résine. — Dépôt d'huiles de schiste et de liquides inflammables. — Travail du goudron et du bitume. — Fabrication et applications diverses du vernis.

Distillation de l'huile de schiste propre à l'éclairage, on l'a portée à la 1re classe. — On prescrit de surélever les cheminées et de pourvoir à ce que les huiles n'égouttent pas dans les ateliers, ce qui pourrait causer des incendies; opérer la distillation à vases clos, séparer les fourneaux des ateliers par des cloisons, n'y pénétrer la nuit qu'avec une lampe de sûreté, avoir du sable à portée pour étouffer les germes d'incendie. Cette distillation répand des odeurs fétides et gêne beaucoup son voisinage; on n'a pas remarqué qu'elle nuise à la végétation. Ordinairement on exige la fermeture des jours et des fenêtres des ateliers de distillation, et des hottes sur les fourneaux; on ne laisse jeter les eaux ni dans la rivière, ni dans les puisards; on ne permet d'employer que des schistes d'Écosse; il doit y avoir en réserve une pompe à incendie.

Huiles grasses et huiles de résine (1re classe). — Ces huiles ne servent guère qu'à graisser les voitures, les locomotives, les wagons. On opère la dissolution du caoutchouc par l'essence de térébenthine; on mélange le produit à l'huile de colza, on cuit, on filtre. Cette fabrication offre des dangers d'incendie, elle doit être éloignée de toute habitation; on prescrit des couvercles pouvant s'abaisser facilement et fermer hermétiquement; le surélèvement des tuyaux de cheminées, des hottes au-dessus des fourneaux, la conduite des eaux dans un égout; de ne point brûler de bois enduit d'huile ou de graisse, d'avoir près des fourneaux 2 mètres cubes de sable, de construire en maçonnerie sans bois apparent les bâtiments des ateliers de distillation et de se servir de lampes de sûreté.

Pour la distillation des huiles de résine on exige quelquefois que les toitures soient en fer et que les ateliers soient largement ventilés.

Dépôts d'huiles de schiste et de liquides inflammables (2ᵉ classe). — Ils devront être éloignés des habitations et placés sous des hangars isolés; on doit avoir un dépôt de sable et ne se servir que de lampes de sûreté; les liquides ne doivent être transportés que dans des tonneaux ou barriques entièrement cerclés en fer; ces dépôts doivent être séparés des ateliers, le sol carrelé, les murs revêtus d'une triple couche de craie, de gélatine et d'alun. Les détaillants ne peuvent acheter au dépôt plus de 10 à 12 litres à la fois. Les huiles de schiste ne peuvent être transvasées au dépôt, elles doivent être débitées dans des bouteilles métalliques, emplies à l'avance et hermétiquement fermées au lieu de leur fabrication. Le réservoir des lampes ne doit avoir qu'un seul et même orifice; le bec doit être disposé de façon qu'il soit indispensable d'éteindre pour introduire l'huile. De graves accidents ont été causés par l'usage des lampes remplies pendant qu'elles étaient allumées, on ne saurait mettre trop de prudence dans cette opération.

Travail du goudron et du bitume (distillation du goudron, 1re classe). — Il importe que le serpentin soit placé à distance du fourneau, que les ateliers de distillation et de rectification des huiles soient disposés de manière que la portion dans laquelle on recueille et on transvase les huiles volatiles n'ait aucune communication directe avec le foyer des chaudières, et que ces ateliers soient construits en matériaux incombustibles. Il est essentiel de les éloigner des habitations, d'isoler les appareils, de ne pas fournir d'aliments à l'incendie, d'imposer les conditions ordinaires concernant les cheminées, les hottes, l'écoulement des eaux, etc.

Imbibition de pierres calcaires tendres avec le goudron. — On pensait pouvoir, par ce mélange, donner de la consistance à la pierre, mais l'ébullition du goudron de houille produisit un énorme dégagement d'huile volatile, atteignant, desséchant la végétation; on eut l'idée d'employer le brai, résidu de la distillation du goudron, les inconvénients devinrent tolérables et les produits satisfaisants. Une autorisation fut accordée.

Noir de fumée (2e classe). — Bien dirigés, ces établissements n'offrent pas d'inconvénients. Il faut éloigner les magasins à goudron et à résine des cabinets où se fabrique le noir de fumée, surélever les cheminées et les garnir de toiles métalliques.

Fabriques de bitume (2ᵉ classe). — Ces fabriques produisent une fumée et une odeur très désagréables. On distille le goudron, le résidu des usines à gaz pour en retirer le brai que l'on mêle à du blanc de Meudon, on obtient ainsi des pains que l'on met en fusion sur les lieux mêmes où l'on veut les employer. On prescrit de mettre des hottes au-dessus des chaudières, d'élever les cheminées, d'emmagasiner le bitume le plus loin possible des ateliers et des habitations, de ne point brûler les matières bitumineuses, les débris de tonneaux, de caisses, etc.

Bitume et asphalte laminés. — C'est un mélange de l'asphalte Seyssel réduit en poudre très fine et de goudron qu'on fait fondre par le feu et dont on enduit une toile passant entre deux cylindres. Ces toiles sont employées à combattre l'humidité et à couvrir les bâtiments. C'est une industrie à encourager, mais il faut qu'elle soit établie dans de bonnes conditions et qu'elle ne soit pas un inconvénient pour le voisinage.

Exécution de trottoirs et dallages en bitume sur la voie publique. — Le Conseil a demandé qu'on ne pût employer que des combustibles sans odeur, ni fumée trop abondante ; les chaudières doivent être complétement fermées pendant le chauffage et la fusion des matières ; elles doivent être pourvues d'un tuyau pour le dégagement des vapeurs et d'un agitateur mis en mouvement à l'aide d'une manivelle extérieure.

Fabrication et applications diverses du vernis et cuirs vernis (1re classe). — On impose les mêmes conditions que pour le travail des goudrons et des huiles. Il faut surtout exiger que les huiles, les vernis et l'essence de térébenthine soient contenus dans des réservoirs hermétiquement fermés et munis de cannelles, qu'on ne dépose sur le sol aucune matière inflammable ; que l'on garnisse de grillages de fer les tuyaux qui parcourent les étuves, que les huiles, apprêts et vernis soient emmagasinés dans un corps de bâtiments isolé et ventilé ; que l'on ne chauffe qu'avec des poêles ou des calorifères s'allumant à l'extérieur. On peut exiger que la cuisson n'ait lieu que pendant la nuit, et si l'établissement n'est pas complétement isolé, on peut interdire la préparation du vernis.

Toiles cirées (1re classe). — La cuisson des huiles, la préparation des vernis et l'étendage causent surtout des inconvénients. On prépare avec de l'huile lithargirée ; quelquefois avec une dissolution de caoutchouc mêlée à des matières résineuses ; l'enduit se fait à froid. S'il s'agit de toiles goudronnées ou imperméables, on applique le goudron à chaud; on enduit de même un papier d'emballage fait avec des débris de cordes. Pour le papier ciré, on fait dissoudre à chaud de la gomme laque dans une eau alcaline, on y a ajouté du noir de fumée et l'on enduit; le papier enduit s'enroule sur un cylindre chauffé qui le sèche instantanément.

Dans toutes ces industries, il faut de grandes précautions contre l'incendie.

Fabrication de l'encre d'imprimerie et lithographique (1re classe). — Cette industrie présente les mêmes inconvénients et exige les mêmes précautions que la fabrication des vernis.

Fabrication de l'encre à écrire et du cirage (3e classe). — On y trouve les inconvénients faciles à prévenir, de la buée et de l'écoulement des eaux.

Vernis à alcool dit *siccatif brillant* (2e classe). — C'est un composé de gomme laque et d'une petite quantité d'arcanson que l'on fait dissoudre dans un peu d'alcool; sa fabrication peut être facilement réglée.

Vernisseurs sur métaux (2e classe). — Ces ateliers offrent peu d'inconvénients, on les tolère assez généralement au milieu des habitations. On défend ordinairement la fabrication du vernis; on veut qu'il soit conservé dans des vases en métal; les étuves doivent être ventilées, isolées, construites en matériaux incombustibles; une hotte doit être placée au-dessus des fourneaux, les eaux acides doivent être neutralisées avant d'être versées au dehors, et le pavage entretenu en bon état.

Fabriques de laques (3ᵉ classe). — Ce vernis est un composé de gomme laque et d'alcool ou d'essence de térébenthine. Il importe que les étuves soient bien ventilées, les buées et les vapeurs comprimées pour le voisinage. On a remarqué que les ouvriers ne souffraient pas de l'emploi de l'essence de térébenthine.

Fabriques de papiers peints et de papiers vernis (3ᵉ classe). — On prescrit le bon entretien des pavages, de ne point laisser écouler des eaux chargées de matières vénéneuses, de les porter à l'égout, de surélever les tuyaux des séchoirs, de mettre le tuyau des étuves en dehors, etc.

Fabriques de chapeaux (2ᵉ classe). — Il faut parer aux inconvénients de la buée, de l'écoulement des eaux, défendre autant que possible la préparation du vernis.

CHAPITRE V.

PRODUITS CHIMIQUES ET PHARMACEUTIQUES.

Produits divers non classés.—Fabriques d'acides.—Produits ammoniacaux. — Sulfates. — Produits divers classés. — Fabrication et application du caoutchouc. — Produits pharmaceutiques. — Préparations pour la destruction des insectes et autres animaux nuisibles.

Produits divers non classés. — Les produits chimiques et pharmaceutiques sont nombreux ; beaucoup sans être classés, exigent néanmoins que quelques précautions soient prises dans leur fabrication, d'autres demandent des soins tout particuliers. Ainsi, il y a souvent dégagement de gaz hypoazotique résultant de la préparation de l'oxyde rouge de mercure, de gaz acide sulfureux résultant de la préparation des sulfites, d'hydrogène sulfuré ou acide sulfhydrique résultant de la préparation et de la décomposition des sulfures, etc. Il faut donc que les appareils soient construits de façon à empêcher les fuites et les diffusions de ces émanations diverses.

On a classé certains produits chimiques utiles à l'industrie, notamment les acides sulfurique, nitrique, muriatique, pyroligneux, etc.; les sels et sulfates ammoniacaux, les sels de soude, d'étain, de fer; les chlorures, les potasses, le prussiate de potasse, etc.; mais on n'a pas classé la crème de tartre, l'acide nitrique, le bioxalate et le bicarbonate de potasse; les tartrates et citrates métalliques, l'antimoine diaphorétique, le chloroforme, les sels de mercure, le lactate de fer, le sulfite et l'hyposulfite de soude, le cyanure de potassium, le sulfure de carbone, le sulfate et l'oxyde rouge de mercure, les sels de bismuth, l'arséniate de potasse, les bromures, les iodures, certains acétates, nitrates et carbonates; la magnésie et bien d'autres produits qui ne constituent que des travaux de laboratoire.

Pour obvier aux inconvénients de ces diverses préparations, il suffit d'exiger que l'on opère à vases clos, qu'on élève la cheminée, que les fourneaux soient surmontés de hottes convenablement établies. Selon la nature du produit, on a souvent à faire des prescriptions spéciales, c'est ce qui a eu lieu pour la fabrication des gaz nitreux, du rouge d'Angleterre, de la gomme factice. La préparation du sulfure de carbone se fait aujourd'hui bien plus facilement qu'autrefois; pour éviter le danger de sa grande inflammabilité, on exige que les condensateurs soient placés en dehors des locaux où se trouvent les appareils des productions ou des rectifications, et que le produit soit conservé constamment sous l'eau.

Dans un établissement de produits chimiques, il se fait toujours certaines préparations classées qui, exigeant des mesures de précaution, rendent moins dangereuse et même tout à fait inoffensive la fabrication des autres produits.

En général, la cheminée du fourneau principal doit être élevée en briques jusqu'à la hauteur de 4 mètres au-dessus du faîtage de la maison voisine, la plus haute à 100 mètres de distance ; au-dessus de ce même fourneau, on doit établir une hotte suffisamment large communiquant avec cette cheminée ; il ne faut pas laisser dégager à l'air libre les gaz et les vapeurs formés pendant le traitement du bismuth et la dissolution de l'oxyde de zinc mélangé de zinc métallique qu'on emploie à la préparation du chlorure, mais on doit les faire absorber dans les eaux alcalines ; enfin le puisard doit être remplacé par une citerne-étanche que l'on vide à la manière des fosses d'aisances.

Toutes les précautions recommandées sont les mêmes pour toutes les fabriques de produits chimiques, on y ajoute les conditions spéciales à la nature de chaque produit différent. Ainsi pour le *cyanure rouge*, le Conseil a exigé que le condensateur fût mis en contact avec de la chaux pour empêcher toute diffusion de vapeur acide ; pour la *rouille* ou *rouge à polir*, on prescrit des moyens d'empêcher le dégagement des vapeurs d'acide sulfurique.

Le Conseil étudie la question suivante, savoir : si la fabrication du sulfate de quinine ne causait pas aux ouvriers la bouffissure de la face, des diarrhées, etc.

Fabriques d'acides. — Quant aux fabriques déjà classées, le Conseil a eu à s'occuper de fabriques d'*acide sulfurique* (1re classe.) On prescrit une cheminée ayant un bon tirage et dépassant au moins de 3 mètres le faîtage des constructions dépendant de l'établissement. Par divers procédés, des industriels sont parvenus à éviter les inconvénients de cette fabrication ; le Conseil ne peut qu'encourager les tentatives faites dans cette voie et étendre ou atténuer les conditions de rigueur, selon le plus ou moins de progrès réalisé.

Acide nitrique. — Il faut empêcher les gaz délétères de se répandre au loin ; on a prescrit de hourder et plâtrer à l'intérieur les tuiles des toits, de manière que toute la partie supérieure fût convertie en une sorte de hotte communiquant avec la grande cheminée. Cette fabrication, ainsi que celle de l'acide oxalique, ne doit être autorisée qu'avec une grande réserve.

Acide pyroligneux — (1re classe) quand les gaz ne

sont pas brûlés — (2ᵉ classe) quand ils sont brûlés. — Pour bien condenser le gaz, on a eu l'idée de le faire passer par une suite de tuyaux réfrigérants semblables à ceux qu'on emploie pour les gaz de la houille ; ils sont reçus dans un gazomètre et de là dirigés sur le foyer des appareils de distillation, où ils sont complétement brûlés.

Torréfaction de l'acétate de soude brut. — Il faut chercher les moyens de purifier le plus possible le sel et les eaux-mères goudronneuses qui l'imprègnent. On doit s'efforcer de ne torréfier que des sels privés d'eaux-mères par des lavages et par un égouttage forcés, dans un appareil à force centrifuge, semblable à celui qui est mis en usage dans les sucreries et raffineries de sucre. Si l'odeur persistait, on couvrirait d'un chapiteau permettant de diriger les gaz sous un foyer. On doit, en outre, prescrire de recueillir les matières goudronneuses dans des vases célant bien, ou dans des citernes parfaitement étanchées ; de ne pas employer comme matériaux de construction, la chaux imprégnée de matières goudronneuses ; cette chaux doit être portée dans des voieries ou dans des fabriques d'engrais; donner un bon écoulement aux eaux réfrigérantes des condensateurs, isoler les ateliers et les résidus.

On a proposé de ranger dans la première classe,

l'*acide picrique*, que l'on obtient au moyen de la réaction de l'acide azotique sur les huiles de houille.

Acide urique et murexide. — On distille les matières excrémentitielles dans de l'eau chaude avec de la potasse, on chauffe à la vapeur, on brasse, on soutire la dissolution bouillante de l'urate alcalin que l'on décompose par l'acide hydro-chlorique, on obtient ainsi un précipité blanc d'acide urique, que l'on convertit en *murexide* ou *rouge pourpre*, teinture aujourd'hui fort employée.

Produits ammoniacaux. Sel ammoniac (1re classe). — Le sel ammoniac s'obtient par le traitement soit des urines, soit des eaux dépuratives du gaz; il importe de remédier aux inconvénients du dégagement des gaz. On prescrit de fermer les cuves et de brûler le gaz.

Aujourd'hui dans les usines à gaz, les eaux de lavage du gaz passent successivement dans une série de chaudières fermées où elles sont entretenues bouillantes avec de la chaux, ce qui les dépouille d'ammoniaque. On a demandé que les chaudières fussent échauffées à la vapeur et non à feu nu, et que la chaux provenant de l'opération fût portée dans une décharge autorisée. Avec ces précautions, cette industrie pourrait être de la première classe transportée dans la deuxième.

Le *raffinage du sel ammoniac* se fait par la voie humide, c'est-à-dire par dissolution et cristallisation, alors la fabrication peut être considérée comme de deuxième classe ; il n'y a qu'à régler la direction de la fumée et l'écoulement des eaux ; mais s'il se fait par sublimation, alors il doit être regardé comme de deuxième classe.

La *fabrication du carbonate d'ammoniaque* présentant les mêmes inconvénients, exige les mêmes précautions.

Sulfates de zinc, de fer, de cuivre et d'alumine. — Des conditions plus ou moins rigoureuses sont imposées suivant le degré des dangers spéciaux inhérents à chacune de ces fabrications.

Produits divers classés. Chromate de plomb (3ᵉ classe). — La fabrication par la décomposition du chromate de chaux au moyen d'un sel de plomb, ne présente pas d'inconvénients. L'emploi de la chaux, à l'exclusion des azotates, constitue une amélioration importante.

Le *raffinage du camphre* (3ᵉ classe) offre très peu d'inconvénients, c'est un mélange de camphre brut avec un dixième de chaux, mélange que l'on renferme dans des ballons de verre placés sur un bain de sable.

Les *fabriques d'orseille* sont de première classe, quand on opère avec les urines; de deuxième classe, quand on opère à vases clos et en n'employant que de l'ammoniaque ou des sels alcalins. On règle le dégagement des buées et des vapeurs; on prescrit de faire le triage de l'orseille moulue au moyen d'un tamis, de façon que l'ouvrier ne soit pas incommodé par la poussière.

Raffineries de sel (3ᵉ classe). — On prescrit de ne laisser échapper en dehors aucune vapeur provenant de la calcination.

Fabriques et raffineries de salpêtre (3ᵉ classe). — On emploie l'azotate de soude comme matière première et l'opération se fait par voie liquide et par cristallisation. On prescrit seulement de ne pas laisser écouler sur la voie publique les eaux-mères provenant des opérations.

Fabriques de potasse (1ʳᵉ et 3ᵉ classes). — La calcination des vinasses n'offre des inconvénients notables que si les gaz et la vapeur ne sont pas brûlés. « Ces gaz et vapeurs, résultat de la décomposition des matières organiques, sont analogues à ceux du caramel, sans danger réel pour la salubrité, mais fort incommodes. » On impose donc l'obligation de brûler gaz et vapeurs. Quant aux fabriques de troisième classe, on exige seulement que la fumée des fourneaux soit reçue par une cheminée élevée.

Prussiate de potasse — (1ʳᵉ classe) si l'on opère par

calcination de substances animales — (2ᵉ classe) si on opère à vases clos un mélange de matières déjà carbonisées et la potasse. Il est interdit de conserver en tas les os humides, à moins qu'ils ne soient recouverts d'une couche de charbon de 10 centimètres d'épaisseur.

La *fabrication du bleu de Prusse* par la simple décomposition des sels de fer, des cyanures jaunes et du prussiate cristallisé n'entraîne aucun inconvénient. Le *lavage du bleu de Prusse* est également inoffensif. On classe ces deux industries dans la deuxième catégorie ; il faut seulement régler l'écoulement des eaux, exiger que le sol des ateliers soit bituminé, que les tuyaux des fourneaux soient élevés de 3 à 4 mètres au-dessus des maisons voisines.

La *fabrication du bleu d'indigo*, par la dissolution de l'indigo dans l'acide sulfurique, dans des chaudières chauffées au bain-marie, ne produit aucun gaz incommode.

La *fabrication du borax* (3ᵉ classe) au moyen de l'acide borique naturel et du carbonate de soude n'a aucun inconvénient grave.

Fabrication et applications diverses du caoutchouc (2ᵉ classe). — Ces industries présentent peu d'inconvénients, les plus sérieux proviendraient de la fusion du soufre dans laquelle on fait, en la trempant, la vulcanisation des pièces d'étoffe. Il faut pourvoir à l'aération, prévenir les incendies, bituminer les ateliers, éloigner les essences des chaudières, couvrir celles-ci de hotte communiquant à la cheminée, ne distiller aucune essence, ne se servir que de lampes de sûreté, placer l'ouverture des fourneaux en dehors, assurer le bon écoulement des eaux, etc.

Produits pharmaceutiques. *Pilules d'iodure de fer.* — Les pilules étant enrobées d'un vernis préparé au moyen de baume de Tolu et d'éther sulfurique, les approvisionnements d'éther peuvent présenter des inconvénients. On prescrit de mettre l'éther et la teinture éthérée de baume de Tolu dans des vases de cuivre étamés, d'une capacité de 6 litres au plus pour l'éther et de 2 litres pour la teinture balsamique.

L'essence de menthe falsifiée. Kermès falsifié. — La menthe est souvent falsifiée par l'essence de térébenthine (les essences de menthe nous viennent d'Amérique), il importe de réprimer cette fraude. On a aussi falsifié le kermès.

Collodion. — Le collodion se produit dans des conditions qui offrent plus de sûreté; on s'en sert avec avantage dans les pansements; c'est une fabrication qu'il faut encourager.

Préparations diverses pour la destruction des insectes et autres animaux nuisibles. — La vente de l'arsenic est interdite (29 octobre 1846). Ce serait une précieuse découverte que de trouver un moyen de destruction remplaçant l'arsenic dont l'emploi est toujours si dangereux. Le Conseil a demandé l'interdiction de la vente du papier arsenical.

La *pâte phosphorée* n'est que du phosphore très divisé, mélangé avec de la farine. C'est un poison dont on ne doit se servir qu'avec prudence. Inscrite parmi les poisons, elle ne peut être vendue qu'à certaines conditions.

CHAPITRE VI.

ÉCLAIRAGE PAR LE GAZ.

Usines, gazomètres. — Questions relatives au métal de conduite. — Infiltration du gaz sous le sol de la voie publique. — Moyens de reconnaître la pureté du gaz. — Plaintes, accidents — Gaz portatif comprimé. — Gaz hydrogène extrait de l'eau. — Éclairage de l'intérieur des habitations.

Usines, gazomètres. — Les conditions sont déterminées par l'ordonnance royale en date du 27 janvier 1846. Aux prescriptions portées par la loi le Conseil a ajouté celles de brûler la fumée et de ne pas employer d'autres combustibles que du coke et, à Paris, d'entourer l'usine d'arbres.

Pendant longtemps on a épuré le gaz en le faisant passer au travers de la chambre hydratée pulvérulente, rendue perméable à l'aide de la mousse interposée. On rend l'épuration plus complète en faisant passer le gaz dans une solution de manganèse, ou encore, en le filtrant au travers du sulfate de plomb humide, rendu poreux à l'aide de sciure de bois; ces procédés seraient insuffisants pour les grandes usines; dans ces établissements on fait un simple arrosage dans les colonnes à coke avec l'eau ammoniacale de condensation, puis dans des filtres chargés de tannée humectée avec de l'eau pure, on complète l'opération à l'aide d'une filtration double ou triple au travers d'une couche de 50 centimètres de *sesqui-oxyde de fer hydraté*.

Quant à la vidange des gazomètres on faisait couler lentement les eaux ammoniacales dans les égouts en empêchant les ouvriers d'entrer dans les égouts pendant l'opération; on se servait de chlorure de chaux pour désinfecter. On aurait pu également employer le chlorure de manganèse et le sulfate de fer. On a renoncé à l'emploi du charbon végétal et du charbon animal. L'écoulement des eaux ammoniacales dans les rivières est interdit, parce qu'elles y empoisonnent le poisson.

Questions relatives au métal de conduite. — Cette question fut soulevée : ne devrait-on pas, pour les tuyaux de conduite du gaz, employer, de préférence au plomb, le fer étiré ? Le Conseil ne voit pas de raisons suffisantes pour remplacer l'usage du plomb qui résiste suffisamment. Pour ne pas être attaqués par la vapeur d'eau les tuyaux de fer doivent être revêtus d'une couche de bitume. Les soudures des tuyaux de plomb offrent plus de résistance. Par sa malléabilité le plomb permet, si la nécessité l'exige, d'interrompre plus facilement le cours du gaz; on le dirige mieux pour les conduits dans les appartements. D'ailleurs l'ordonnance de police du 27 octobre 1855 a pourvu à tous les inconvénients des conduits de gaz, soit en plomb, soit en fer étiré (1).

Infiltration du gaz sous la voie publique. — Pour prévenir les inconvénients des infiltrations du gaz sous le sol des voies publiques on eut l'idée d'exiger des entrepreneurs, toutes les fois qu'ils feraient des ouvertures, de substituer des terres saines aux terres infectées par le gaz, mais on reconnut que cette dépense serait trop considérable ; on pensa alors à substituer aux terres imprégnées de gaz, une couche superficielle de sable de 80 centimètres

---

(1) En Angleterre on se sert de tubes d'étain ; la matière est un peu plus chère, mais l'épaisseur est moindre, la différence du prix n'est pas considérable.

de hauteur, étant mesurée à partir de la surface supérieure de la chaussée pavée. Avec des marnes calcaires, des gypses ou des plâtras on a fait sans succès des tentatives pour désinfecter.

Quant aux jonctions des conduites, on suit le système de MM. Fortin-Herrmann : on perce la conduite au moyen d'une mèche circulaire, elle est de forme conique extérieurement, afin de boucher le trou immédiatement à la suite du percement jusqu'à l'instant de la pose du branchement. Le branchement n'est qu'une tubulure devant être fixée sur le tuyau, comme si cette tubulure avait été fondue avec le tuyau même.

Un appareil *gazo-compensateur* fut approuvé. « Son objet est de limiter l'excès de pression du gaz au-dessus de celle de l'atmosphère ambiante. » On évite ainsi des pertes de gaz. Le Conseil a aussi approuvé un ingénieux appareil destiné à vérifier sur place l'exactitude des compteurs. Le gaz est introduit d'abord dans un compteur de contrôle portatif, on le mesure ; de là il entre dans le compteur de l'abonné, on voit si les résultats sont identiques.

Moyens de reconnaître la pureté du gaz. — L'ordonnance du 27 janvier 1846 oblige les Compagnies *à livrer le gaz exempt d'hydrogène sulfuré et d'ammoniaque.* On ouvre le robinet d'un bec, on expose au courant du gaz une bande de papier imprégné de sous-acétate de plomb, si le papier ne se noircit pas, c'est que le gaz est suffisamment épuré. Pour l'ammoniaque on expose une autre bande de papier imprégné ou de teinture rouge de tournesol, ou de teinture jaune de curcuma. S'il y a de l'ammoniaque, le papier imbibé de teinture de tournesol devient bleu, et avec la teinture de curcuma de jaune le papier devient rouge.

Plaintes. Accidents. — On s'est plaint que le gaz infectait les puits environnants; les tribunaux ont mis les Compagnies en demeure de creuser plus profondément, jusqu'à ce que l'on arrive aux couches d'eaux intactes.

Plusieurs accidents étant arrivés par le mauvais emplacement des compteurs, il a été prescrit que « les compteurs devaient être établis, sinon en plein air, du moins dans un local isolé des calorifères et parfaitement ventilé. »

Des ouvriers ont péri en vidant un réservoir abandonné, d'autres en démolissant des constructions imprégnées de gaz. A cette occasion le Conseil a recommandé, lorsqu'un homme tombe asphyxié au fond d'une fosse, de lui envoyer de l'air par un tuyau quelconque arrivant au fond de la fosse, de manière que par l'extrémité arrivant près de la tête de l'homme asphyxié on puisse lui injecter de l'air au moyen d'un simple soufflet dont on aura luté la base à l'autre extrémité du tuyau avec de l'argile ou de la terre argileuse. Il est interdit aux sauveteurs de descendre sans se faire attacher. Les secours précédemment indiqués en cas d'asphyxie doivent être appliqués.

Gaz portatif comprimé. — On prescrit à cette Compagnie de faire essayer chaque vase à une pression double, de limiter à 5 mètres cubes la capacité des réservoirs fixes et à quatre atmosphères la pression du gaz. Il est spécialement prescrit d'adapter sur tout réservoir fixe un manomètre à air libre, etc.

Gaz hydrogène extrait de l'eau. — Jusqu'à présent on a tenté sans succès de l'employer comme chauffage; cependant on ne perd que les trois cinquièmes du pouvoir calorique qu'il renferme, quand, dans nos cheminées, on perd les neuf dixièmes de la chaleur produite. Le Conseil veut que le gaz soit épuré ; comme chauffage, il ne se forme dans la combustion que de la vapeur d'eau, il est presque inutile d'employer des cheminées spéciales. Il serait utile d'établir une ouverture au niveau du plafond, communiquant au dehors ou dans la cheminée.

Éclairage de l'intérieur des habitations. — Le Conseil défend le *flambage* pour reconnaître les fuites et recommande le procédé *par la compression de l'air*. On foule l'air dans la conduite qu'il s'agit de vérifier et alors « soit par le petit sifflement qui se produit aux fuites, soit même à la main, on reconnaît à quel point l'air s'échappe. » Un règlement de police fut en conséquence rendu le 27 octobre 1855, en voici les principales dispositions :

Il faut une déclaration qu'on veut éclairer par le gaz; les lieux sont visités, les tuyaux éprouvés, les constructions réglées, imposées, vérifiées.

Une instruction fut jointe à l'ordonnance; il y est dit que tout le gaz doit être brûlé, toute fuite immédiatement dénoncée.

CHAPITRE VII.

AMIDONNERIES, DEXTRINES, ETC.

Amidonneries, féculeries. — Dextrine, sirop de fécule. — Brasseries. — Raffineries de sucre. — Fabriques de caramel. — Distilleries d'alcool et de liqueurs.

Amidonneries (2e classe). — Les amidonneries où le travail se fait par la fermentation sont de 1re classe. Les eaux de lavage en sont infectées; il n'a pas été reconnu qu'elles puissent donner un goût particulier aux plantes qu'elles arroseraient; elles peuvent, au contraire, être un bon engrais, mais il faut les perdre dans des cours d'eau par des conduits souterrains. Les cuves répandent aussi une odeur infecte. Les usines où l'on prépare l'amidon avec séparation du gluten et sans fermentation par lavage successif de la pâte sont de 2e classe. (Décision du 15 mai 1849.)

Féculeries (3e classe). — Les plus graves inconvénients consistent aussi dans l'écoulement d'eaux infectes; il est d'une bonne prévoyance de ne pas les laisser s'écouler dans de faibles cours d'eau, ou dans des puisards. On doit exiger aussi que les ateliers des amidonneries et des féculeries soient dallés, ou pavés à chaux ou à ciment, ainsi que les cours et ruisseaux; que l'on pare à toutes les causes d'incendie; que les résidus soient enlevés chaque jour dans des récipients fermés; que le travail des féculeries n'ait lieu que pendant les six mois d'hiver.

Fécule soluble. — On s'en sert pour l'apprêt de certaines étoffes; sa fabrication n'offre pas d'inconvénients.

Amidon extrait des marrons d'Inde.—M. de Callias a trouvé des procédés ingénieux pour retirer des marrons une quantité de 15 pour 100 d'amidon de bonne qualité; le prix de revient paraît encore élevé.

Dextrine. Sirop de fécule. — La *dextrine* peut remplacer la gomme, notamment dans la fabrication de la bière et pour édulcorer certaines boissons. Ces fabriques ne sont pas encore classées ; le Conseil propose de les mettre dans la 2e classe. Il faut surtout que les cheminées tirent bien et que les vapeurs provenant des étuves se dégagent facilement.

Sirop de glucose ou de fécule. — Comme on traite la fécule par l'acide sulfurique, afin de se garantir de ses vapeurs, il convient de munir les couvercles des cuves d'un tube communiquant avec un réfrigérant ; il faut aussi que les eaux aient un écoulement convenable.

Brasseries (3e classe). — Il est toujours facile de remédier aux inconvénients de cette fabrication : la fumée, l'ébullition des matières, l'écoulement des eaux. Il faut que les pièces où l'on fait germer le grain soient ventilées et sans communication avec les chambres habitées.

La fabrication de la glucose exige une autorisation spéciale. A l'exception des chaudières, il est prescrit de n'employer pour vases ni le cuivre, ni le plomb, ni le zinc ; on recommande de grandes précautions contre l'incendie.

L'*emploi du sirop de fécule* est autorisé « dans la proportion d'un cinquième de la matière sucrée que peut donner l'orge dont on se sert pour fabriquer une quantité donnée de bière. »

Raffineries de sucre (2ᵉ classe). — Leurs principaux inconvénients sont la buée et la fumée ; il est facile d'y remédier. Pour la révivification du noir animal, il faut une autorisation spéciale.

Fabriques de caramel (3ᵉ classe). — Ces fabriques doivent être tenues à distance des habitations. La cuisson des mélasses produit des gaz inflammables et des vapeurs très odorantes. Le Conseil a prescrit une heureuse innovation : « La chaudière doit être munie d'un bec assez large, pour qu'en cas d'ébullition trop vive le caramel soit déversé dans un *refroidissoir* de cuivre placé auprès de cette chaudière. »

Distilleries d'alcool et de liqueurs (2ᵉ classe). — Il est avantageux de brûler les vinasses pour les convertir en sel de potasse ; on peut encore les appliquer à la nourriture des bestiaux ou en faire des engrais. Les distilleries de liqueurs n'ont jamais qu'une importance bien secondaire. Pour les distilleries d'alcool, on prescrit ordinairement d'enduire d'une triple couche de chaux, d'alun et de gélatine, toutes les charpentes et autres bois à nu dans l'intérieur du laboratoire ; de séparer les laboratoires, les magasins des *esprits*; de conserver près des chaudières une quantité de sable pour étouffer le feu; d'élever la cheminée; de daller ou bitumer le sol des ateliers avec pente convenable; de ne se servir que d'une lampe de sûreté; de ne pas déposer sur la voie publique les résidus des distillations.

Il a été pris quelques dispositions particulière set spéciales à une *distillerie* dite *agricole,* où l'on distillait des grains avariés, une distillerie de mélasses, une distillerie des eaux provenant des raffineries de sucre, etc.

CHAPITRE VIII.

LAVOIRS PUBLICS. — BUANDERIES. — INDUSTRIES DIVERSES.

Lavoirs publics. — Buanderies.— Teintureries. — Ateliers d'impressions sur étoffes. — Fabriques d'eau de Javelle.— Fabriques de carton. — Rouissage du chanvre et du lin.

Lavoirs publics. Buanderies (2ᵉ classe). — Dès l'année 1849 le Conseil de Salubrité avait soumis au Préfet de Police le projet d'établir dans Paris *plusieurs grandes buanderies* où tout devait être réglé d'après des expériences, et pour le choix des matières et pour celui des procédés, de manière à procurer aux laveuses les améliorations désirables sous le double rapport de l'économie et de la santé.

En 1837 un lavoir fut établi au marché Saint-Laurent, à Paris. En 1846 le Conseil constatait l'accroissement progressif des demandes en autorisation de lavoirs publics.

En 1849 M. Dumas, alors Ministre du Commerce et des Travaux publics, pénétré des avantages présentés à la classe ouvrière par les établissements de bains et de lavoirs publics, réunit sous sa présidence, et par ordre du Président de la République, une Commission chargée d'étudier toutes les questions qui se rattachaient à cette organisation. Le travail de cette Commission donna lieu à la loi du 1ᵉʳ juin 1850, et les autorités municipales furent invitées à encourager ces fondations par des concessions d'eau ou de terrain.

La Commission d'hygiène du sixième arrondissement, par l'organe d'un de ses membres, M. Homberg (1), ingénieur en chef du service municipal de la ville de Paris, a transmis un rapport dont les conclusions suivantes ont été adoptées par le Conseil :

---

(1) Voir pour plus amples détails la savante conférence faite sur le *blanchissage économique et la conservation du linge*, à l'Association polytechnique, par M. Homberg, intéressante leçon que nous avons publiée *in extenso* dans la 2ᵉ série des *Entretiens Populaires* (Bibliothèque des chemins de fer, librairie Hachette.)

E. T.

1° S'opposer, autant que possible, à l'emploi des lessives corrosives, et pour cela les dissolutions devraient être faites toujours avec des cristaux ou carbonates de soude et non avec la potasse ou la soude caustique; ces dissolutions ne devraient jamais dépasser 3 degrés ou 3 degrés et demi du pèse-lessive.

2° Encourager les lessives en commun, préférablement aux petits cuviers, et surtout le mode de lessivage à la vapeur.

3° Veiller et même contribuer, en accordant l'eau nécessaire, à ce que le rinçage puisse se faire dans une eau claire, abondante et souvent renouvelée.

4° Enfin, encourager et favoriser les établissements où des essoreuses, des presses et des séchoirs à air chaud seraient convenablement installés, afin que les ménagères qui usent du lavoir pussent emporter le linge sec, sans une grande perte de temps.

Le lavoir de la rue Amelot, fondé en 1851, a été cité comme un établissement modèle; le *lessivage* ou *coulage* s'y opère au moyen de l'appareil *Ducoudan*; les laveuses y trouvent une machine dite *essoreuse*, qui remplace avantageusement, comme on le sait, le *tordage* du linge, et supprime même, en grande partie, le séchage.

Nous dirons quelques mots d'un procédé mécanique inventé par M. *Lejeune* pour le blanchissage du linge ; il fonctionne rue Popincourt, 73, et a mérité les éloges du Conseil.

« Qu'on se figure un arbre auquel se rattachent six branches inclinées ; à chaque branche est suspendue une espèce de caisse à claire-voie ou tambour, que l'auteur de cette machine appelle *laveuse;* ces six caisses ou laveuses plongent dans autant de cuves de bois, à moitié pleines de liquides, et y reçoivent un mouvement de rotation, tantôt dans un sens, tantôt dans un autre, au moyen d'un système d'engrenage fixé à l'arbre ; c'est par l'agitation que produit ce mouvement de rotation que se fait le blanchissage, sans que la main de l'homme intervienne. On peut dire que ce système de blanchissage est complétement mécanique. Voici maintenant le mode très ingénieux employé pour passer d'une opération à l'autre. Les cuves seules sont fixes; l'arbre, auquel le piston d'une presse hydraulique sert de crapaudine, peut être soulevé avec les *laveuses* par la mise en mouvement de la presse hydraulique, de sorte qu'après une agitation de telle durée que l'on veut (après avoir interrompu le mouvement des six *laveuses* qui tournent avec une vitesse de trente révolutions par minute), on soulève tout le système; on imprime, à la main, un sixième de révolution à l'arbre; puis, en le laissant redescendre, chaque *laveuse* se trouve dans une cuve différente; dans celle, par exemple, qui contient de l'eau de savon, en sortant de celle qui contient de l'eau pure.

» En arrivant le linge est pesé et classé en trois catégories : le linge fin, le gros linge, le linge de cuisine. Il est ensuite placé dans des sacs de toile dont le tissu est très lâche, et que l'on introduit dans les compartiments des *laveuses*. Ces *laveuses* font successivement subir au linge les six opérations suivantes : 1° *essangage* ou *lavage* à l'eau pure et froide ; 2° à une eau alcaline et tiède; 3° lessivage dans une lessive très faible en soude, mais bouillante; 4° savonnage à chaud ; 5° savonnage à l'eau tiède; 6° rinçage à trois eaux.

» La durée de chaque opération varie selon la saleté du linge; elle est d'une demi-heure environ, mais elle n'excède pas une heure pour le linge le plus sale ; de sorte que le blanchissage est complétement fait en six heures.

» En sortant des *laveuses*, le linge est placé dans des *essoreuses centrifuges*, et il ne sort des sacs dans lesquels on l'a introduit sale, tout au plus six heures auparavant, que pour être livré aux repasseuses. »

Le Conseil exige qu'il y ait un isolement complet entre les lavoirs, buanderies, couleries, et les maisons voisines; il doit être construit un contre-mur en briques ayant 11 centimètres d'épaisseur, s'élevant jusqu'au plancher supérieur, avec éloignement des murs voisins de 10 centimètres au moins. Ce contre-mur doit, en outre, être revêtu de ciment romain.

Les autres conditions généralement prescrites sont les suivantes :

1° Élever la cheminée d'un mètre au moins, au-dessus du toit des maisons voisines, de manière qu'elles ne soient pas incommodées par la fumée.

2° Daller et bitumer le sol, avec pente convenable pour l'écoulement des eaux.

3° Diriger les eaux, par un conduit souterrain, jusqu'au plus proche égout.

4° Établir des châssis mobiles destinés à la ventilation, sur les côtés opposés aux maisons voisines.

5° Surmonter les cuviers à lessive de hottes communiquant à la cheminée, afin de donner issue à la buée.

6° Prendre toutes les précautions contre l'incendie.

7° Déterminer les places des lavoirs publics.

8° Casser les glaces en hiver.

9° Ne pas loger au-dessus des buanderies.

10° Établir des lieux d'aisances à l'usage des laveuses.

Quelquefois, et par exception, on a permis que

les eaux fussent recueillies dans une citerne-étanche, à la condition qu'elles seraient transportées, pendant la nuit, à la bouche de l'égout le plus voisin.

Ces conditions s'appliquent à toute espèce de lavoirs, tels que lavoirs de *laine*, *d'étoffes*, de *chiffons*, de *coton filé*, etc., et même des *éponges*.

S'il s'agit de *soufroirs*, on exige que le gaz acide sulfurique soit porté au dehors à une grande hauteur au-dessus des habitations.

Lavage du linge des hôpitaux. — En 1852 il fut constaté qu'à l'hôpital Beaujon le lavage des linges à pansements et des cataplasmes produisait journellement une centaine de litres de résidus de farine de graines de lin, de riz, etc. « Ces matières imprégnées de pus et de sang se putréfiaient rapidement et infectaient les habitations voisines. » Le Conseil, consulté, prescrivit d'avoir des tonneaux bien cerclés et hermétiquement fermés pour recevoir ces résidus que le service de la salubrité publique doit enlever chaque jour. — Le meilleur moyen est d'avoir, comme à la Charité, à Saint-Antoine, etc., un embranchement à l'égout. Ces matières peuvent faire de bons engrais.

Teintureries (3ᵉ classe). — Les teintureries sont incommodes par leurs buées, par les eaux souvent acides qu'elles répandent. Généralement on prescrit de couvrir les fourneaux de teinture d'une hotte dont la base dépasse le fourneau de 25 centimètres au moins dans tous les sens ; cette hotte doit communiquer avec une cheminée s'élevant au-dessus du faîtage des maisons voisines, et à une hauteur déterminée par l'Administration. Le sol doit être bitumé avec pente convenable pour l'écoulement des eaux ; on doit condamner les croisées des ateliers ouvertes sur la rue ou sur les cours entourées d'habitations, afin d'empêcher l'expansion de la buée ; recueillir les eaux dans une citerne étanche, pour les écouler, pendant la nuit, sur la voie publique ; ou mieux encore, les écouler dans un égout, ou à la rivière par un conduit souterrain ; bâtir, le long du mur mitoyen avec la pièce où sont les fourneaux, un contre-mur en briques jointoyées avec du ciment romain, ayant 11 centimètres d'épaisseur et isolé de 10 centimètres au moins du mur mitoyen ; prendre pour les séchoirs, les précautions nécessaires contre l'incendie ; hourder en plâtre le plancher haut des ateliers et construire les cloisons en matériaux incombustibles.

Le Conseil a eu occasion, à propos de teintureries, de s'opposer à ce que des eaux de teinture fussent directement conduites, au moyen d'un aqueduc, dans le grand bras de la Marne et de les déverser dans le bras de Gravelle, sous peine d'en faire un égout comparable à celui de la Bièvre.

Ateliers d'impressions sur étoffe (3ᵉ classe). — Le tuyau des cheminées doit être élevé, le sol des ateliers bitumé, le pavage des cours et des ruisseaux en bon état, les eaux colorées conduites à l'égout sans passer sur la voie publique et il est interdit d'y préparer aucune couleur, sans une autorisation spéciale.

Eau de Javelle (*chlorures alcalins*) **(fabriques d')**. 1ʳᵉ classe, *quand on fabrique en grand pour le commerce*; 2ᵉ classe, *quand les produits sont employés dans les établissements mêmes où ils sont préparés, ou quand on ne fabrique pas plus de* 300 *kilogrammes par jour*.

Il faut pourvoir au bon établissement des chaudières, à ce que la buée, la fumée ne puissent gêner, que les eaux s'écoulent bien, que les gaz ne puissent se répandre dans les ateliers; que les résidus employés notamment pour la coagulation du sang soient enlevés et transportés dans des voiries autorisées; si on les laissait s'infiltrer, ils infecteraient les puits voisins.

Fabriques de cartons (2ᵉ classe). — Cette opération exige beaucoup d'eau, il faut en faciliter l'écoulement; les ateliers et les séchoirs doivent être convenablement ventilés; il faut empêcher la putréfaction des tas de chiffons et de papiers. On a autorisé une fabrique de papier avec de la paille pour matière première.

Rouissage du chanvre et du lin (1re classe). — Bien des essais ont été faits ; on paraît préférer la macération dans l'eau pendant un certain laps de temps ; malheureusement cette immersion occasionne des émanations fétides et altère l'eau. Il est démontré que cette opération n'influe pas d'une manière sensible sur la salubrité publique et n'altère pas la santé des ouvriers qui s'y livrent, mais elle est fort incommode pour le voisinage quand elle se fait dans des eaux stagnantes. Le rouissage à eau courante n'offre pas d'inconvénients, seulement il se fait plus lentement. Le Conseil a reconnu que ce mode de rouissage à eau courante méritait d'être encouragé, qu'on pouvait le placer sous la surveillance des ingénieurs des ponts et chaussées et des inspecteurs des eaux et forêts. Le Conseil recommande particulièrement l'adoption d'un procédé récemment importé d'Amérique en Irlande, et qui a été pratiqué en Belgique avec un grand succès. Ce procédé opère le rouissage en soixante ou quatre-vingt-dix heures, *par une simple fermentation acidule* et sans donner lieu à aucune émanation fétide et dangereuse.

CHAPITRE IX.

APPAREILS A VAPEUR. TRAVAIL DES MÉTAUX.

Appareils à vapeur, combustion de la fumée.— Forges de grosses œuvres, ateliers de construction. — Affinage de l'or ou de l'argent. — Fonderies de métaux. — Ateliers de dérochage et de décapage. — Écoulement d'eaux acides sur la voie publique. — Doreurs sur métaux. — Battage de métaux. — Étamage.

Appareils à vapeur. Combustion de la fumée. — En 1858 on comptait dans le ressort de la Préfecture de Police 2096 établissements possédant des appareils à vapeur; savoir : 1206 à Paris, 890 hors Paris.

Ces appareils comprenaient 2822 chaudières; 1480 à Paris, 1342 hors Paris.

Les 1342 chaudières établies hors Paris se divisaient en 856 chaudières motrices et en 486 chaudières calorifères.

Le nombre des machines à vapeur desservies par les chaudières motrices était de 1761, représentant une force de 12 277 chevaux; savoir : 1003 machines à Paris ayant une force de 5770 chevaux, et 758 hors Paris ayant une force de 6507 chevaux.

La quantité de houille consommée par les appareils à vapeur, en 1858, a été de 114 635 tonnes.

Combustion de la fumée. — La question de la combustion de la fumée a été soigneusement étudiée. On sait que le coke, le charbon sec de Charleroi, ou quelque autre houille sèche, analogue à l'anthracite, ne produisent que peu de fumée. Au contraire, le charbon de terre, et en général toutes les houilles grasses, quand il n'arrive pas assez d'air sur elles ou qu'il ne s'en mêle pas suffisamment aux produits gazeux de la combustion, immédiatement après leur sortie du foyer, donnent lieu à une fumée noire et épaisse, dont les inconvénients sont tels qu'ils ne sauraient être tolérés. On a cherché par divers procédés plus ou moins ingénieux à brûler la fumée; ces appareils peuvent être adaptés à peu de frais au foyer des machines. L'habileté du chauffeur diminue considérablement les causes de la production de la fumée. Le Conseil reconnaissant que la fumée des machines à vapeur est fort incommode, qu'il y a plusieurs moyens efficaces de la brûler, sans vouloir se prononcer sur la valeur relative de ces divers procédés, a sollicité une ordonnance qui prescrivît de brûler la fumée. Le 11 novembre 1854 l'ordonnance fut rendue et accorda un délai de six mois; mais elle trouva tant d'obstacles dans son application que, malgré l'insistance apportée à son exécution et les instructions fort claires publiées en avril 1855, on dut renoncer à en faire une application générale. L'Administration n'en reste pas moins convaincue que l'ordonnance pourra être appliquée et qu'elle doit être maintenue.

Forges de grosses œuvres. Ateliers de construction. — Les forges ordinaires, les ateliers de carrosserie, de chaudronnerie, ceux où l'on travaille en grand le bois étaient classés, mais le Conseil d'État ayant rejeté cette classification, ces ateliers ne sont plus soumis qu'à une simple surveillance administrative dans l'intérêt de la sûreté publique. Quant aux forges de grosses œuvres elles sont rangées dans la deuxième classe des établissements insalubres. Elles produisent beaucoup de fumée et de bruit, et présentent en outre des dangers d'incendie.

Le Conseil a toujours demandé que les *marteaux-pilons* fussent placés de manière à ne pas incommoder le voisinage par le bruit et les ébranlements qu'ils occasionnent. On paraît avoir obtenu de bons résultats en entourant le ressort et le manche des martinets avec des cordes, et en plaçant des paillassons sous les enclumes de manière à amortir la vibration.

Les *machines soufflantes* faisant du bruit sont interdites. Parfois on défend de forger sous le marteau-pilon des pièces exigeant une grande hauteur de chute; on prescrit de condenser la vapeur perdue ou de la diriger dans l'atmosphère à une hauteur dépassant le faitage des maisons voisines. Ces ateliers sont toujours incommodes, il importe autant que possible de les éloigner.

Affinage de l'or ou de l'argent (1ʳᵉ classe). — Les vapeurs acides que ces établissements répandent au loin nuisent à la santé, non moins qu'à la végétation. Les autorisations ne sont accordées qu'aux conditions suivantes :

1° La dissolution des alliages métalliques sera opérée dans des chaudières closes; les vapeurs acides seront condensées et recueillies ou décomposées, de telle sorte que les produits gazeux sortant par l'orifice supérieur de la cheminée ne donnent lieu à aucune odeur sensible et n'exercent aucune action appréciable dans le voisinage de la fabrique.

2° Les résidus gazeux de la combustion de tous les foyers de l'usine et de la décomposition des vapeurs acides fournies par la chaudière de dissolution, seront réunis dans une cheminée centrale construite en maçonnerie au milieu du terrain occupé par la fabrique et dans l'emplacement indiqué au plan. Ladite cheminée aura au moins 40 mètres de hauteur, 1 mètre de diamètre intérieur à la base et 80 centimètres au sommet.

3° Les foyers des chaudières à vapeur et autres

foyers alimentés à la houille, seront disposés de manière à brûler complétement leur fumée.

4° L'usine sera fermée du côté de l'ouest par un mur plein s'élevant jusqu'à la naissance de la toiture. Les précautions nécessaires seront prises pour que la buée provenant des chaudières à précipiter, à évaporer les dissolutions salines ou autres, ne se répande pas dans l'atmosphère d'une façon incommodante pour les habitants. A cet effet, le permissionnaire sera tenu, si la nécessité en est reconnue par l'Administration, de surmonter ces chaudières de hottes avec cheminées, ou même de les couvrir, et de conduire la buée dans la grande cheminée centrale dont il est fait mention à l'art 2.

5° Les machines employées pour le broyage des pots et l'extraction des grenailles métalliques, seront construites et établies de façon à ne produire aucun bruit incommode pour le voisinage. L'usage des pilons et autres machines à percussion pourra être interdit par l'Administration, si la nécessité en est reconnue.

6° Le permissionnaire sera obligé de tenir propre et dégagé de glaces, s'il venait à s'en former pendant l'hiver, le ruisseau de la rue où il versera les eaux de condensation. Il lui est interdit de laisser écouler des eaux acides.

Fonderies de métaux (2ᵉ et 3ᵉ classes). — Pour

ces industries, le Conseil a prescrit les conditions suivantes :

1° Surmonter les fours et les fourneaux de hottes communiquant à une cheminée suffisamment élevée et ayant un bon tirage.

2° Avoir une machine soufflante dont le bruit ne se fasse pas entendre au dehors.

3° Munir les étuves de tuyaux destinés à l'écoulement du gaz : on ne saurait trop insister sur cette condition.

4° Limiter le nombre des fourneaux et des creusets.

5° Éclairer et ventiler les ateliers de fusion et pratiquer de préférence leurs ouvertures à l'opposé des fenêtres voisines.

6° Ne brûler que du coke.

7° Daller et bitumer le sol des ateliers.

Potiers d'étain. — Les potiers d'étain sont soumis à peu près aux mêmes prescriptions que les fondeurs de zinc. On exige surtout que les cheminées des fourneaux soient bien distinctes de celles des chambres habitées.

Fonderies. — Pour cette industrie le Conseil a fixé la hauteur de la cheminée à 30 mètres, à partir du sol, avec une section suffisante pour l'absorption de la fumée du fourneau et des émanations insalubres résultant de la fonte des plombs.

Ateliers de dérochage et de décapage (2ᵉ classe).
— Ces opérations sont les mêmes, sous des dénominations différentes; seulement elles s'appliquent plus particulièrement, savoir : le *dérochage* aux métaux précieux, le *décapage* aux autres métaux.

Elles ont lieu au moyen de l'eau chargée d'acide nitrique et d'acide sulfurique; ce qui produit tantôt des vapeurs nitreuses et tantôt du gaz hydrogène. Il importe donc que le dérochage ou le décapage soit fait dans des pièces à part et sur un fourneau dont la cheminée soit plus élevée que le faîtage des maisons voisines. Ce fourneau doit, en outre, être surmonté d'une hotte qui le dépasse de 30 centimètres au moins, et qui soit munie de rideaux propres à accélérer le tirage.

Enfin on doit ventiler convenablement les ateliers, en bitumer le sol, avec pente convenable pour l'écoulement des eaux; entretenir en bon état les cours et les ruisseaux. Les eaux acides ne doivent être écoulées à la rue qu'après avoir été neutralisées par la craie; elles ne doivent, sous aucun prétexte, être reçues dans des puisards.

Écoulement d'eaux acides sur la voie publique. —
La *craie de Meudon en poudre* suffit pour neutraliser les eaux acidulées, de façon qu'au moment où elles sont rejetées, elles soient sans action sensible sur le carbonate de chaux à la tempéra-

ture de 15 à 20 degrés; c'est tout ce que l'on peut raisonnablement exiger.

Doreurs sur métaux (3ᵉ classe). — Les conditions imposées aux ateliers de dérochages sont également prescrites aux ateliers de doreurs qui, presque tous d'ailleurs, pratiquent le dérochage.

La dorure s'opère par trois procédés : l'ancien procédé au moyen de l'*amalgame d'or* et de *mercure*; l'*immersion* ou le *trempé*; et enfin la *pile*, procédé le plus récent et le meilleur. Celui par le mercure est le plus dangereux; il faut que la hotte soit munie d'un châssis mobile à tirage et surmonté d'un tuyau spécial d'écoulement des vapeurs s'élevant au-dessus du faîtage des maisons voisines. — Mêmes conditions pour le procédé au *trempé*, moins le châssis mobile à tirage. — Quant au troisième procédé, la *pile* doit être renfermée dans un espace clos d'où les gaz qui se dégagent sont conduits à la cheminée par un tuyau spécial.

Battage des métaux (3ᵉ classe). — Les inconvénients sont le bruit et l'ébranlement. On a établi les pierres à battre sur des piliers de maçonnerie isolés des murs et montant de la hauteur des caves; on les a posées sur des paillassons ou autres corps mous. Ces mesures bonnes pour la conservation de l'édifice ont été inefficaces pour le bruit.

Essayeurs du commerce (3ᵉ classe). — Leurs

principaux inconvénients sont l'emploi des laminoirs, des marteaux et le dégagement de vapeurs nitreuses que produit le traitement des métaux précieux par l'acide nitrique. Comme pour le *battage* on doit chercher à diminuer l'ébranlement et le bruit; les cheminées doivent être pourvues de hottes et les eaux acides neutralisées avant de s'écouler sur la voie publique.

Étamage (3ᵉ classe). — *Opérations diverses.* — Il faut bien ventiler, empêcher de coucher dans les ateliers, fixer le nombre des heures de travail.

On ne recouvre plus les bains de métal fondu avec de la graisse, mais avec du chlorure de zinc, auquel on ajoute un peu de chlorure de zinc (environ 50 pour 100). Par ce procédé un seul bain suffit.

Laveurs de cendres d'orfèvres (3ᵉ classe). — Ces ateliers n'ont aucun inconvénient sérieux. Les fourneaux doivent être construits selon les règles de l'art et les cheminées élevées au-dessus des maisons voisines.

CHAPITRE X.

INDUSTRIE CÉRAMIQUE.

Verreries, cristalleries, émaux. — Fabriques de porcelaines, de faïences et de poteries. — Tuileries et briqueteries. — Fours à plâtre et à chaux (1).

Verreries. — Cristalleries. — Émaux (1re classe). — Toutes les verreries présentent à peu près les mêmes inconvénients que l'on prévient en partie par des hottes bien établies, par des cheminées élevées.

Fers émaillés. — On enduit le fer d'une couche légère vitrifiée qui les garantit de toute oxydation; cette couche vitreuse résiste au feu, ne se fendille pas, elle n'est pas attaquée par l'eau, par les acides faibles, par les vapeurs acides, par l'humidité; elle peut donc recevoir de nombreuses applications dans l'industrie. Le Conseil approuve complétement cette

---

(1) Les fours à plâtre et à chaux n'appartiennent pas, à proprement parler, à l'industrie céramique, mais cependant ils s'y rattachent par quelques points. D'un autre côté, ils ont des inconvénients analogues à ceux des tuileries et des briqueteries. Par ces différents motifs, ils nous ont paru devoir faire partie du présent chapitre. (Note du Secrétaire Rapporteur, M. Trébuchet, rédacteur du Rapport.)

nouvelle application des matières vitreuses, et fait des vœux pour qu'elle se propage.

« Il faut observer cependant, dit une note du Rapport, que cet enduit vitreux contient une notable quantité de plomb, et que sa manipulation détermine souvent, chez les ouvriers, de graves affections locales ou générales. Cette industrie doit donc être surveillée par l'Administration à ce point de vue. Le Conseil s'occupe, du reste, de l'examen de cette question. »

Fabriques de porcelaines, de faïences et de poteries (2ᵉ classe). — Ces établissements donnent de la fumée au commencement du *petit feu*, et présentent des dangers d'incendie. On a quelquefois prescrit de n'allumer le four qu'au commencement de la nuit. Les fours doivent être isolés, et sont peu incommodes si l'on n'y brûle que du bois ou du coke.

Tuileries et briqueteries (3ᵉ classe), quand ils ne font qu'une seule fournée en plein air, comme on le fait en Flandre; (2ᵉ classe), quand ils opèrent par d'autres moyens.

Ces établissements doivent être éloignés des habitations. A Paris, on mélange à l'argile plastique du sable des débris pilés de briques cuites et de mâchefer en poudre ténue passée à la claie. Ce mâchefer renferme encore beaucoup de fragments de coke et par conséquent de soufre. On peut exiger, pour en garantir les voisins, qu'au-dessus du four soit élevée une cheminée de 25 mètres de hauteur. On peut prescrire en outre de n'allumer le feu qu'avec du bois et de ne se servir que du charbon de Charleroi.

Fours à plâtre et à chaux (2ᵉ classe), quand ils sont permanents; (3ᵉ classe), quand ils ne travaillent pas plus d'un mois par année.

Ces établissements sont, en général, placés au centre d'exploitations de carrières, naturellement isolées des habitations, et ils sont dès lors sans inconvénients. Dans ces circonstances, on se borne à prescrire l'emploi du coke et du charbon de Charleroi, ou detout autre combustible ne donnant pas plus de fumée que le bois. Le Conseil a approuvé l'emploi du gaz *oxyde de carbone* à la cuisson du plâtre.

Pour la fabrication du *ciment hydraulique* préparé avec les couches de marnes qui recouvrent celles du gypse, après l'enlèvement préalable de la glaise qui est presque à la surface du sol, le Conseil a demandé que le four dans lequel on met alternativement, sur du menu bois, une couche de coke et une couche de marne jusqu'à ce qu'il soit rempli, soit placé, ainsi qu'un broyeur, sous un hangar fermé et surmonté d'un tuyau haut de 20 mètres.

CHAPITRE XI.

EXPLOSIONS. INCENDIES.

Poudre fulminante. — Allumettes chimiques. — Fabriques d'artifices. Chantiers de bois et dépôts de combustibles. — Carbonisation du bois et de la tourbe, charbons artificiels. — Incendies spontanés. — Moyens préservatifs des incendies. — Danger des montgolfières.

Poudre fulminante (1re classe). — Les dangers sont grands et trop souvent les ouvriers sont d'une imprévoyance bien regrettable. Il importe de ne laisser toucher ou manipuler les résidus de la fabrication que lorsque ces résidus ont été bien lavés et retenus pendant quelque temps sous l'eau ; comme aussi de faire enterrer immédiatement les tourilles ou autres vases ayant servi de réceptacles à ces matières et regardés comme étant hors de service. Il faut que l'atelier du tamisage soit isolé des autres ateliers par des buttes en terre ; la charpente devra être en fer très léger, recouverte en toile imperméable ; la table, qui consistera en une plaque de plomb supportée par trois tringles de fer, devra être entourée d'un bouclier en tôle de 11 centimètres d'épaisseur ; on met la poudre à manipuler et celle qui est prête à porter au séchoir derrière deux autres boucliers distincts ; enfin on fait passer la poudre à travers les tamis, non à l'aide d'une spatule, mais avec la main seule.

On fixe la quantité de poudre fulminante que doit contenir la poudrière ; ces poudrières doivent être de forme circulaire, précédées d'une petite pièce formant vestibule, et munies d'un paratonnerre avec conducteur isolé ; les ateliers de fabrication doivent être construits en charpente de fer enveloppée seulement de toile imperméable, et le sol revêtu de bitume. Il faut entourer les ateliers et la poudrière de talus en terre de 3 mètres au moins de hauteur, afin qu'en cas d'explosion, les projections ne puissent s'étendre et atteindre les autres constructions. Les ateliers et les magasins doivent être couverts en ardoises ou en feuilles de zinc de petite dimension et les tourilles qui contiennent l'acide nitrique doivent être renfermées dans un magasin isolé et éloigné des ateliers.

Le *transport du fulminate de mercure* exige des mesures spéciales. On l'enferme par quantité de 10 à 12 kilogrammes au plus dans des vases de grès très épais ; on le submerge sous une pression de plusieurs centimètres d'eau, et l'on ferme hermétiquement le vase par un liége enveloppé de parchemin humide et fixé solidement par un lien transversal. On place ce premier vase de grès dans un vase cylindrique en cuivre; les vides existant entre les deux vases sont remplis de sciure de bois humide bien tassée et qui forme ainsi une sorte de moule ou d'étui autour du bocal de grès. On ferme le vase de cuivre, à la manière d'un étouffoir, par un couvercle entrant à frottement.

Le Conseil, consulté par le Ministre de la Guerre, fut d'avis que l'on devait assimiler à la fabrication et à la vente de la poudre de guerre, la fabrication et la vente du chlorate de potasse et autres chlorates, et du fulminate de mercure et autres fulminates.

Allumettes chimiques (1re classe). — Les allumettes *fulminantes* ou inflammables par frottement, qui se préparent avec de la gomme, du chlorate de potasse, de la poudre de verre, du phosphore et un peu de bleu de Prusse, et les allumettes *phosphorées* préparées habituellement avec de la colle forte, de la poudre de verre, du phosphore et du minium, comme matière colorante, présentent des dangers de trois natures différentes : 1° dangers d'incendie et d'explosion ; 2° dangers d'empoisonnement ; 3° dangers pour la santé des ouvriers.

On défend aujourd'hui le chlorate de potasse pour prévenir les empoisonnements. M. Caussé a conseillé d'y mêler l'émétique, mais l'émétique serait bien vite décomposé et perdrait ses effets. M. Chevallier a proposé le mélange du *kermès minéral*.

Allumettes au phosphore amorphe. — M. Coignet a fabriqué des allumettes sans phosphore : « elles ne contiennent à leur bout soufré qu'une pâte au chlorate de potasse, ininflammable lorsqu'on la frotte sur les différents corps rugueux qui enflamment aisément les allumettes à pâte phosphorée usuelle. »

M. Canouil, pour éviter les incendies et les empoisonnements, a fabriqué des allumettes composées de chlorate de potasse, d'oxysulfure d'antimoine, d'azotate de plomb et de gomme.

Ces compositions sont bonnes ; le chlorate de potasse ne présente pas de danger, s'il n'y a pas de phosphore. Dans les prescriptions on s'attache à prévenir tout ce qui pourrait être cause d'incendie. On ne donne que des autorisations limitées et pour la fabrication sur une grande échelle, dans ces conditions on peut plus facilement prendre les précautions nécessaires et soustraire la majorité des ouvriers à des influences morbifiques.

Le Conseil a émis le vœu qu'il fût interdit d'employer le phosphore blanc dans la confection des allumettes chimiques. Par un respect peut-être exagéré de la liberté de l'industrie, l'Administration s'est contentée de prêcher d'exemple pour cette réforme : les allumettes ordinaires au phosphore blanc sont interdites au Ministère de la Guerre et à la Préfecture de Police. Espérons que cet exemple sera suivi, ce qui forcera l'industrie à abandonner ces dangereux procédés.

Fabriques d'artifices (1re classe). — Ces établissements présentent des dangers d'incendie ou d'explosion. Le Conseil a limité les autorisations à cinq années au plus, et a imposé les conditions suivantes : éloigner la sainte-barbe de l'atelier, l'entourer d'arbres pour empêcher les projections en cas d'explosions, l'établir autant que possible au niveau du sol, avoir une toiture légère, enfin n'avoir que la quantité de poudre strictement nécessaire aux besoins de l'établissement.

Chantiers de bois et dépôts de combustibles. — *Chantiers de bois* (2e classe). — On a à craindre les incendies, il faut les éloigner des habitations ; les inconvénients des émanations insalubres du bois pourraient se produire dans le cas où l'on *rentrerait des bois flottés mouillés* et surtout imprégnés des vases qui les recouvrent habituellement ; mais on y a obvié en exigeant que les bois flottés fussent, avant d'être emmagasinés, *lavés et séchés sur berge.*

Magasins et débits de charbons de bois. — Ces

établissements sont rangés par l'ordonnance royale du 5 juillet 1834, savoir : les *magasins de charbons*, c'est-à-dire les dépôts dont l'approvisionnement dépasse 100 hectolitres, dans la deuxième classe des établissements dangereux, insalubres ou incommodes ; les *dépôts* dont l'approvisionnement est de 100 hectolitres et au-dessous, dans la troisième classe.

Pour les magasins de deuxième classe : 1° le terrain sera clos de murs en maçonnerie de 3 mètres de hauteur au moins; 2° les cases, les combles et es couvertures, ainsi que les supports et les divisions intérieures, seront construits en matériaux incombustibles (le Conseil pense cependant qu'on peut sans inconvénient tolérer les toits de zinc). Les cases ne pourront être percées d'ouverture que sur la façade; 3° les cases devront être éloignées de 3 mètres au moins de tout dépôt de matières combustibles; 4° le charbon ne pourra être empilé à plus de 4 mètres de hauteur; 5° le charbon de bois, cuit à vase clos, ne pourra être emmagasiné sans une autorisation spéciale. (On sait que ce charbon peut s'enflammer spontanément.)

Pour les dépôts de 3ᵉ classe on prescrit de couvrir de plâtre tous les bois employés dans la construction, de ne pas faire de feu dans le magasin, de ne pas tamiser le charbon au dehors de la boutique;

les boules de résine pyrogènes doivent être disposées dans des boîtes fermées placées à la porte extérieure du magasin.

Carbonisation du bois et de la tourbe. — Charbons artificiels. — *Carbonisation du bois* (2ᵉ classe). — On tient à ce que ces établissements soient éloignés des habitations; le plus ordinairement le Conseil n'accorde que des autorisations temporaires, et il limite les opérations au mois de décembre, janvier et février; il exige que la carbonisation ait lieu par tas dont le volume ne dépasse pas 5 stères.

Carbonisation de la tourbe (1ʳᵉ classe) à vases ouverts; (2ᵉ classe) à vases clos. « La fumée que produit la carbonisation de la tourbe contient, outre les autres éléments de la combustion incomplète du bois, de l'ammoniaque et souvent de l'acide sulfureux; elle a une odeur piquante et désagréable. On doit donc exiger, dans certaines circonstances, que le travail se fasse à vase clos; que la cheminée soit élevée de 21 mètres au moins; que l'on dirige les gaz dégagés par la distillation de la tourbe, sur un foyer où ils soient complétement brûlés.

Charbons artificiels. — Cette fabrication, depuis 1846, a pris une grande extension, ainsi que celle des *boules pyrogènes*, *braise chimique*, etc. Tous ces mélanges, plus ou moins rationnels, de poussier de charbon de terre ou de charbon de bois, soit avec de l'argile et de la craie de Meudon, soit avec de la chaux hydraulique et de la chaux grasse, soit enfin avec du goudron des usines à gaz ou de la résine. Il y a à craindre les incendies et souvent les mauvaises odeurs, ce sont les seuls inconvénients à prévenir.

Le Conseil a demandé la suppression d'un établissement de charbon artificiel, dans lequel on mêlait au charbon du sang et des marcs de raisin.

Incendies spontanés. — Le fait des incendies spontanés est incontestable, on en a de tristes et nombreux exemples. Des fourrages, des déchets de laine, de coton, etc., se sont enflammés spontanément, particulièrement les déchets imprégnés d'huile. L'ignition se produit en procédant du centre à la circonférence ; elle est d'ailleurs précédée de la carbonisation de la matière combustible. Pour les amas de vieux papiers provenant d'imprimerie, le Conseil a prescrit de diviser les magasins en un certain nombre de compartiments à l'aide de cloisons à claire-voie, laissant entre elles des intervalles libres d'au moins 25 centimètres de largeur ; de ne pas donner à chaque compartiment destiné à loger le vieux papier, plus de $1^m,60$ à $1^m,80$ de diamètre.

Des cas d'incendies spontanés *causés par l'arsenic*

métallique (cobalt) se sont produits. On a imposé à ces dépôts des conditions toutes particulières. Si les quantités de cobalt sont assez considérables, on exige qu'elles soient déposées dans des caveaux en maçonnerie isolés, sans aucune communication avec l'air extérieur que par la porte d'entrée qui doit être de fer ou de tôle et pleine.

Les mêmes précautions doivent être prises pour le *sublimé corrosif*.

Moyens préservatifs des incendies. — Pour éteindre les feux de cheminée on avait proposé le *sulfure de carbone*, mais on a reconnu que ce serait le moyen d'augmenter l'incendie. On a présenté d'autres procédés qui n'ont pas réussi ou qui n'ont pas encore été expérimentés.

Danger des montgolfières. — Le Conseil a demandé l'interdiction des montgolfières ainsi que celle de pièces d'artifices attachées aux ballons gonflés par le gaz hydrogène, carboné ou non.

Des entrepreneurs faisaient faire des voyages d'agrément en ballon, l'Administration a cru devoir intervenir, mais seulement en déclarant qu'elle ne s'opposait pas à l'ascension aérostatique après s'être assurée du bon état du ballon, ainsi qu'elle fait pour les entreprises des voitures, avant que ces voitures puissent rouler.

« L'intervention de l'autorité, dans tous les cas

où la sûreté des citoyens se trouve engagée, est non-seulement utile, mais même obligatoire et désirable.

» Aux États-Unis cette intervention n'a jamais lieu, et l'on sait que d'effroyables catastrophes se renouvellent trop souvent. »

En Angleterre où les exploitations en général ne sont l'objet d'aucune surveillance, on a à regretter, particulièrement dans les mines, de nombreux accidents.

En France, « le rôle de l'Administration est d'intervenir partout où la vie et la santé des hommes peuvent être compromises. Chemins de fer, bateaux à vapeur, usines, appareils d'éclairage, etc., tout subit le contrôle de l'Administration, et c'est à l'avantage général. »

CONCLUSION.

Le Rapporteur a cherché à établir la jurisprudence du Conseil ; il a passé sous silence les affaires sans intérêt ; il a évité de décrire les procédés de fabrication ; il ne l'a fait que lorsqu'il y avait nécessité pour rendre les instructions plus claires.

Toutes les conditions imposées par le Conseil n'ont rien d'absolu, il a toujours cherché autant que possible à concilier tous les intérêts.

Ce volume, dit l'honorable Rapporteur, M. Trébuchet, n'est pas la solution de toutes les questions se rattachant à l'hygiène publique, *c'est un rapport d'ensemble sur des questions données et qu'il n'appartient au Conseil ni d'écarter ni d'étendre.*

Ce rapport est signé :

Les membres du Conseil,

Max. VERNOIS, *vice-président.*
Ad. TRÉBUCHET, *secrétaire rapporteur,*

ADELON, BAUBE, BOUCHARDAT, F. BOUDET, BOUSSINGAULT, BOUTRON, BUSSY, F. CADET DE GASSICOURT, A. CHEVALLIER, Ch. COMBES, A. DEVERGIE, baron Paul DUBOIS, DUCHESNE, GUÉRARD, HUZARD, JORRY, JOBERT (de Lamballe), baron LARREY, J.-D. LASNIER, LECANU, LÉLUT, Michel LÉVY, MAILLEBIAU, MICHAL, PAYEN, POGGIALE, M. DE SAINT-LÉGER, VIEL.

Paris, le 3 août 1860.

Tableau récapitulatif des travaux du Conseil depuis 1849 jusqu'à 1858 inclusivement.

ANNÉES.	AFFAIRES TRAITÉES.			NOMBRE DES RAPPORTS SUIVANT LES CONCLUSIONS ADOPTÉES.					
	Par année.	Dans Paris.	Hors Paris.	Autorisations ou tolérances.	Refus.	PLAINTES Non fondées.	PLAINTES Fondées.	Non-lieu ou ajournement.	Renseignements généraux, rapports d'ensemble.
1849	483	232	251	281	26	22	9	19	126
1850	516	299	217	356	23	23	11	18	85
1851	462	230	232	322	16	17	14	23	70
1852	624	356	268	270	20	38	11	16	169
1853	542	297	245	369	24	23	9	11	106
1854	517	303	214	374	26	19	7	14	77
1855	546	307	239	400	24	18	13	14	77
1856	594	295	299	418	34	41	14	28	59
1857	563	279	284	421	32	18	10	14	68
1858	519	231	288	381	24	14	13	14	73
Totaux	5366	2829	2537	3692	249	233	111	171	910

Totaux généraux 5366 — 5366

NOTICES BIOGRAPHIQUES

DES

MEMBRES DU CONSEIL DE SALUBRITÉ

MORTS DEPUIS 1858.

LABARRAQUE (Antoine-Germain), né à Oléron (Basses-Pyrénées), le 29 mai 1777, était d'une famille que l'on peut appeler patriarcale; elle lui avait donné ces exemples de désintéressement, de charité et de probité rigide qui dirigèrent tous les actes de sa vie.

Nous ne le suivrons, ni à l'armée des Pyrénées-Orientales, où il ne tarda pas à se faire remarquer, ni dans les hôpitaux militaires où se révéla son aptitude aux sciences chimiques; nous passerons cette période de sa jeunesse qu'il racontait avec son esprit ardent, enthousiaste, pour le retrouver en 1822. Son mémoire, qui parut à cette époque, sur l'*Art du boyaudier*, lui valut le prix proposé par la Société d'encouragement pour l'assainissement de cette industrie, et le grand prix Montyon à l'Institut. C'est dans ce mémoire qu'il indiquait les propriétés désinfectantes des chlorures d'oxyde de sodium et de calcium. L'application des chlorures à la désinfection eut un immense retentissement et attacha au nom de Labarraque une célébrité soutenue depuis par de nombreux travaux. Cette découverte lui ouvrit successivement, en 1823 et en 1824, les portes du Conseil de salubrité et de l'Académie royale de médecine. Mais les occupations que lui donnaient ses nouvelles fonctions ne le détournèrent pas un seul instant des soins que réclamait sa profession de pharmacien qu'il exerça avec tant de distinction et de désintéressement.

Les rapports faits par Labarraque au Conseil de salubrité sont nombreux; ils embrassent les sujets les plus importants d'hygiène publique et d'hygiène professionnelle, marquant ainsi sa place parmi les membres du Conseil qui ont rendu le plus de service à la ville de Paris.

Labarraque fut pour nous un excellent collègue; nous avons pu apprécier la justesse de son jugement, la scrupuleuse attention qu'il apportait à l'examen des affaires; mais ceux qui ont vécu dans son intimité peuvent seuls dire ce que son caractère parfois inflexible, renfermait de douce mansuétude, de charité profonde, d'inépuisable bonté.

Il mourut après plusieurs années de maladie, le 9 décembre 1850, entouré de sa femme, dont les soins admirables ne s'étaient pas un instant démentis; de son fils le docteur Labarraque qui porte dignement son nom ; de sa fille qu'il aimait tant, et de son gendre M. Lecanu, notre collègue, qui suit avec une si haute distinction la carrière où son beau-père a acquis une renommée à laquelle le temps a donné une juste consécration.

ROYER-COLLARD (Hippolyte-Louis), né à Paris le 28 avril 1802, se distingua fort jeune encore par de nombreux succès universitaires. Cette nature d'élite ne pouvait se contenter de la célébrité attachée à son nom, Royer-Collard voulait une illustration qui lui fût personnelle. C'est à la carrière purement scientifique qu'il dut ses plus beaux succès. Nous devons mentionner cependant son passage au Ministère de l'Instruction Publique, où, comme chef de la division des sciences et des lettres, il soulagea de nobles infortunes et s'acquit des titres nombreux à la reconnaissance des artistes. Lorsque, à la suite d'un brillant concours, il fut nommé professeur d'hygiène à la Faculté de médecine de Paris, il vit s'ouvrir devant lui un vaste champ d'observations et d'études; ce fut sans contredit la plus belle période de sa vie; il succédait au baron Desgenettes, qu'il remplaçait également au Conseil de salubrité; c'était en 1838. Il entra peu de temps après à l'Académie de médecine.

Malheureusement, Royer-Collard ne put prendre aux travaux du Conseil de salubrité une part aussi active qu'il l'eût désiré. Il s'en plaignait souvent et regrettait de ne pouvoir venir recueillir au sein du Conseil des inspirations utiles, des enseignements nombreux pour le cours qu'il professait avec tant de distinction. Il ne négligeait d'ailleurs aucune des Commissions dont il faisait partie, et son nom se trouve dans plusieurs de nos discussions les plus importantes; mais au milieu de cette activité infatigable, de cette ardeur fiévreuse avec laquelle il embrassait tout ce qui frappait son imagination, Royer-Collard se sentit atteint d'une maladie terrible, sur laquelle il ne put se tromper lui-même; il vit s'éteindre une à une toutes les facultés de sa riche organisation; il put compter toutes les phases de cette longue et cruelle agonie. Il mourut ainsi le 15 décembre 1850, à peine âgé de quarante-huit ans, emportant dans la tombe, avec les regrets de tous ses collègues, cet avenir glorieux qu'il avait rêvé....

JUGE (Jean), né à Donzenne (Corrèze), le 22 mai 1769, commença en l'an X sa carrière médicale comme officier de santé à l'armée des Pyrénées-Orientales. Il fut professeur à l'hôpital militaire de Milan, puis membre du Conseil de santé de la même ville; en 1806, dans les épidémies d'Alfort et de Créteil, il fit preuve d'un grand dévouement uni à une rare habileté.

A la mort de Cadet de Gassicourt (1821), Juge le remplaça au Conseil de Salubrité. Depuis cette époque jusqu'à sa mort, arrivée le 21 mai 1852, c'est-à-dire pendant trente et un ans, il n'a pas cessé de prendre une part active à nos travaux. Ses rapports élaborés avec une consciencieuse exactitude auraient pu servir de modèle pour la manière dont il convenait d'étudier et de présenter les affaires. Il négligeait tout pour le Conseil de Salubrité, excepté toutefois la médecine qu'il exerçait avec un noble désintéressement; les pauvres étaient pour lui une seconde famille, et, selon son cœur, sa plus belle clientèle.

Juge était un de ces hommes stoïques dont le type s'efface chaque jour; jamais il n'a voulu profiter des hautes relations que son pays natal, ses études et ses campagnes lui avaient créées; son caractère rempli d'aménité, de bienveillance et de charmes, se révélait surtout dans la vie de famille et dans ces réunions intimes auxquelles on était heureux de se trouver admis.

Juge est mort à quatre-vingt-trois ans; cette perte fut vivement sentie par le Conseil, comme celle d'un de ses membres les plus utiles, les plus respectés, et dont le nom venait s'ajouter à ces noms chers et vénérés qui ont jeté tant d'éclat sur nos travaux.

BRUZARD (Auguste-Félix), né à Saumur (Côte-d'Or), le 4 octobre 1796, a fait partie du Conseil de Salubrité comme architecte-commissaire de la petite voirie. Il remplaça l'un de nos plus regrettés collègues, M. Rohault de Fleury.

Sorti de l'École polytechnique, Bruzard prit part à des travaux publics importants, où se révélaient toujours un goût irréprochable, une grande maturité de jugement, et surtout des études solides que tous ses collègues savaient apprécier. Comme membre du Conseil de Salubrité, Bruzard a répondu à tout ce qu'on pouvait attendre de son zèle éclairé et de son dévouement à la chose publique. Aussi, par une exception des plus flatteuses, le Conseil de Salubrité fit-il en 1852 une démarche officielle auprès de M. le Préfet de police, afin que la décoration de la Légion d'honneur fût donnée à Bruzard comme une juste récompense de ses longs et bons services. Cette démarche, parfaitement accueillie par M. Piétri, aurait été couronnée de succès, si la mort de Bruzard, survenue le 18 juillet 1855, n'eût fermé prématurément une carrière si honorablement remplie.

Homme modeste, bienveillant, d'une indulgence extrême, et ne manquant pas cependant d'une certaine fermeté de caractère, Bruzard eut de nombreux amis, parmi lesquels il pouvait compter chacun de ses collègues. Il laissa chez tous de profonds regrets, et notamment chez les architectes de la Préfecture, dont il était moins le chef que l'ami. Mieux que personne il avait pu apprécier toute l'importance de ce corps d'élite, l'un des auxiliaires les plus utiles et les plus éclairés du Conseil.

ÉMERY (Édouard-Félix-Étienne), né à Lemps (Isère), en 1788, fit, ainsi que plusieurs de ses contemporains, les campagnes de l'Empire, comme chirurgien militaire, en quittant l'internat des hôpitaux de Paris. Rentré dans la vie civile, il se voua exclusivement à l'exercice de la médecine et fut successivement appelé à plusieurs fonctions qu'il remplit avec conscience et avec talent. C'est ainsi qu'il fut nommé, en 1822, médecin du Dispensaire de Salubrité à la Préfecture de police, puis, en 1830, médecin des hôpitaux et professeur d'anatomie à l'École des beaux-arts. Il succédait au docteur Sue dans un enseignement qui forme la base la plus essentielle des bonnes études en statuaire et en peinture.

Émery appartenait déjà, depuis sa réorganisation, à l'Académie royale de médecine, où il fut pendant dix années rapporteur ou président des Commissions de vaccine et des eaux minérales. On lui doit un grand nombre d'articles et de mémoires publiés dans les journaux de médecine.

En 1836 Émery fut nommé membre adjoint du Conseil, puis, en 1842, membre titulaire, en remplacement de Pelletier, ce collègue si éminent et si regretté.

Émery prit une part active aux travaux du Conseil. Quoique atteint d'une maladie qui ne laissait aucun espoir, il assista jusqu'à ses derniers moments à nos séances.

Il mourut le 6 mars 1856, laissant parmi nous des souvenirs que le Conseil aimera toujours à se rappeler.

(*Ces cinq Notices sont textuellement extraites du Rapport de* M. Trebuchet.)

SOUBEIRAN (Eugène), né à Paris le 24 mai 1797, mort le 17 novembre 1858, est un de ces hommes modestes dont la valeur n'est entièrement appréciée qu'après leur mort. Quoiqu'il ait été successivement pharmacien en chef de la Pitié, membre de l'Académie de médecine, directeur de la Pharmacie centrale des hôpitaux de Paris, professeur à l'École de pharmacie, professeur à la Faculté de médecine et membre du Conseil de salubrité, il n'a pas joui, vivant, de l'illustration à laquelle tant de travaux lui donnaient droit et que la mort seule, hélas! a eu le pouvoir d'attacher à son nom.

Sa jeunesse maladive et éprouvée, les nombreuses vicissitudes dont il fut assailli à son entrée dans la vie, sont probablement la cause de cette taciturnité qui voila sa réputation. Il a fallu sa persévérance, son génie et sa patience pour parvenir, sans bruit et sans éclat, à escalader les plus hauts sommets de la science, et à venir s'y asseoir silencieusement, sans soulever l'irritation des jaloux et des impuissants. Car ce n'est pas un de ses moindres mérites d'avoir toujours su se faire accepter ou plutôt s'imposer sans conteste par le seul ascendant de sa science et de son talent.

« N'oublions pas, dit M. Robiquet dans l'*Eloge de Soubeiran*, prononcé à l'École de pharmacie, n'oublions pas que notre maître à tous n'a pas rougi de porter la blouse de l'ouvrier, et sachons qu'il se rappelait toujours avec orgueil cette phase pénible de son existence pendant laquelle il secondait de son mieux et par les plus rudes labeurs un père luttant courageusement contre l'adversité. »

La révocation de l'édit de Nantes ruina sa famille, originaire des Cévennes, jadis riche et puissante mais trop fidèle à la religion protestante. Le père d'Eugène Soubeiran, malgré son goût pour la médecine, embrassa par devoir la carrière commerciale; les mauvais jours de la Révolution causèrent sa ruine.

Sous le premier Consul il devint agent de change, mais, poursuivi par sa mauvaise étoile, il vint encore échouer dans cette tentative, grâce à la mauvaise foi de divers clients. Ruiné, mais l'honneur sauf, ce courageux père de famille se lança encore sans succès dans l'industrie.

Élevé à une telle école, il n'est pas étonnant qu'Eugène Soubeiran ait appris à aimer le devoir sans faiblesse et le travail sans relâche; il leur voua un culte qui ne finit qu'avec sa vie.

Nous ne pourrions dans ces quelques lignes citer les titres seuls de ses nombreux travaux : ouvrages didactiques, mémoires sur la pharmacie, sur la chimie, sur les eaux minérales, sur la botanique, sur la zoologie, etc. Ceux de nos lecteurs qui voudraient en avoir la nomenclature complète, la trouveront très détaillée à la suite de l'éloquent *Eloge* prononcé à la séance de rentrée de la Faculté de médecine, le 15 novembre 1859, par M. Ad. Wurtz.

Soubeiran a inventé le *chloroforme* qui a une si

grande importance pour l'avenir de l'anesthésie chirurgicale.

« Comme membre du Conseil de salubrité, Soubeiran, dit M. Trebuchet, a compris toute l'importance de ses fonctions. Ses rapports, empreints d'une grande sagesse et d'une justesse de vue remarquable, étaient toujours accueillis avec faveur; les affaires en apparence les plus minimes étaient de sa part l'objet d'une étude approfondie. Dans les discussions il était rare que ses avis, toujours si sages, si parfaitement motivés, n'entraînassent pas ceux de ses collègues.

» Du reste, Soubeiran, dont l'esprit sûr, droit et honnête, était réservé et même timide, ne parlait qu'à propos, et cependant, plus que tout autre, il aurait pu se laisser aller à cet entraînement d'une parole facile qui appelait à ses cours un public toujours nombreux.

» Sa mort, arrivée le 17 novembre 1858, a été une grande perte pour les sciences, mais elle a été une perte bien plus grande encore et bien plus irréparable pour sa famille et ses nombreux amis. »

Le savant directeur actuel de la Pharmacie centrale, M. Regnaud, gendre de M. Soubeiran, est destiné, sinon à surpasser, du moins à égaler son beau-père.

CADET DE GASSICOURT. — Si l'on considère quelques-unes de nos illustrations, on serait tenté de croire que certaines familles privilégiées ont cela de commun avec les plantes que chacun de leurs rejetons porte toujours les mêmes fruits. Chez elles l'amour de la science, du travail et de la gloire est héréditaire et chacun de leurs membres transmet ce désir et les facultés nécessaires à son descendant, qui, suivant religieusement le sillon de ses aïeux, augmente les rayonnements patronymiques de ses efforts et de ses conquêtes. Précieux héritage qu'aucune loi n'a besoin de protéger et dont la nature devrait bien se montrer moins avare !

La famille Cadet de Gassicourt est une de ces races d'élite dont chaque génération grandit le nom déjà illustre.

Le fondateur de cette dynastie scientifique, arrière-neveu du célèbre chirurgien Vallot, et lui-même chirurgien habile, était mort en laissant à sa veuve treize enfants et dix-huit francs pour toute fortune.

Parmi ses enfants se fit remarquer Louis-Claude Cadet de Gassicourt, chimiste et pharmacien distingué, membre de l'ancienne Académie des sciences, né à Paris le 27 juillet 1731 et mort le 25 vendémiaire an VIII (17 octobre 1799).

Celui-ci laissa un fils, Charles-Louis Cadet de

Gassicourt, né à Paris le 23 janvier 1769 et mort le 21 novembre 1821, qui jouit de la même réputation que son père, comme chimiste et comme pharmacien ; il s'acquit une célébrité méritée par ses productions politiques et littéraires autant que par ses écrits scientifiques. Il a été le créateur du Conseil de Salubrité établi près la Préfecture de police, et l'un des fondateurs, en 1785, du *Lycée de Paris*, connu depuis sous le nom d'*Athénée*. Charles-Louis s'était fait recevoir avocat au barreau de Paris. Il était membre des *Amis de la presse* et secrétaire de l'Académie royale de médecine, quand sa famille et les sciences eurent à déplorer sa perte.

Son fils, dont nous allons nous occuper, *Charles* Louis-Félix, est né à Paris le 11 octobre 1789 ; il fit ses études à Sainte-Barbe, étudia la chimie sous Thénard et la médecine sous Dupuytren ; en 1814, il suivit dans la campagne de France son père appelé par son service auprès de l'Empereur ; loin de se prévaloir de la dispense accordée aux élèves en médecine, il entra dans les rangs de la garde nationale et fit courageusement son devoir de citoyen le 30 mars aux barrières de Paris.

En 1821, il succéda à son père comme pharmacien, et sa vie entra alors dans une phase politique que nous n'avons pas à examiner ici ; seulement nous devons dire qu'à quelque nuance d'opinion qu'on appartienne, on ne peut qu'admirer la sincérité, l'énergie et le désintéressement de ses convictions politiques.

Cadet de Gassicourt fut membre de la *Société Linnéenne*, de la *Société de la morale chrétienne* et de la *Société des sciences physiques*; il publia : 1° une dissertation sur le *Jalap*; 2° une dissertation sur les *Euphorbiacées*; 3° *Examen de deux remèdes antihydrophobiques*, lu à l'Académie de médecine; 4° notice sur l'*Emploi médicinal de la graine de moutarde blanche*; 5° notice sur le *Diosmacrenata*; 6° notice sur les *Eaux minérales de Wiesbaden* et sur le *Savon mattiaque*; 7° un grand nombre d'articles dans le *Dictionnaire des sciences*; plusieurs notices dans la *Biographie Michaud*; 8° plusieurs éditions du *Formulaire magistral* de son père; 9° un volume intitulé : *Premiers secours avant l'arrivée du médecin*, ouvrage pratique destiné à devenir le conseiller des familles.

Dans les dernières années de sa vie il se consacra presque exclusivement à ses fonctions de membre du Conseil de salubrité. Outre son dévouement à l'intérêt public, c'était chez lui un culte filial. Il n'oublia jamais que le Conseil de salubrité était l'œuvre de son père; aussi s'en occupait-il avec prédilection, quand la mort vint le surprendre le 22 décembre 1861. Cadet de Gassicourt laisse un fils docteur en médecine qui marche sur les traces de son père.

ADÉLON (Nicolas-Philibert), né à Dijon le 20 août 1782, mort à Paris le 17 juillet 1862, fut reçu docteur en 1807. Élève, puis secrétaire et bientôt ami de l'illustre Chaussier, il fit des cours particuliers de physiologie qui furent très suivis.

Captivé par l'attrait de la nouveauté, Adelon étudia avec ardeur le système de Gall; il n'était pas encore docteur que déjà il publiait, sans nom d'auteur, un volume intitulé : *Analyse d'un cours du docteur Gall, ou physiologie et anatomie du cerveau d'après son système.*

Dans la préface de cet ouvrage, M. Adelon, effaçant complétement par modestie sa brillante personnalité, ne se déclarait ni pour ni contre la phrénologie : « Nous voulons seulement, disait-il, mettre le public en mesure de formuler un jugement. » Suivant l'heureuse expression de M. Béclard, « ce refus de juger le système était à lui seul un jugement. » Dans sa longue vie Adelon a souvent donné d'aussi fortes preuves de sa perspicacité et de son sagace coup d'œil.

En 1821, il entrait à l'Académie de médecine, fondée en 1820 par le roi Louis XVIII. En vertu des statuts de constitution de l'Académie, la section de médecine devait être composée de quarante-cinq membres ; vingt-deux furent nommés par ordonnance, Adelon eut l'honneur d'être l'un des vingt-trois membres titulaires que la section de médecine choisit, au scrutin, pour se compléter. Il fut successivement secrétaire, vice-président et président de ce corps savant.

En 1825, il fut nommé professeur de médecine légale. C'est alors qu'il donna le plus bel exemple qu'on puisse offrir aux hommes doués de la noble ambition de mettre leur science au niveau de leur position : Adelon, professeur en titre, âgé de quarante-quatre ans, ne dédaigna pas d'aller s'asseoir sur les bancs de l'École de droit ; chaque matin pendant plusieurs années on le vit, avec son fils, prendre des notes et rédiger les leçons comme un simple élève.

Il fut longtemps président des jurys médicaux et membre actif du Conseil de salubrité.

En 1861, il fut nommé professeur honoraire et élevé au grade de commandeur de la Légion d'honneur, juste récompense de ses longs et utiles services.

Il publia, outre l'*Analyse du cours de Gall*, dont nous avons parlé plus haut, un *Traité complet de physiologie de l'homme* (4 vol.) ; de nombreux et importants articles dans le grand *Dictionnaire des sciences;* des notices dans la *Biographie universelle* de Michaud ; une nouvelle édition de Morgagni, en collaboration avec Chaussier : *De sedibus et causis morborum;* plusieurs mémoires dans les *Annales d'hygiène publique* dont il fut l'un des fondateurs ; enfin il rassembla des matériaux considérables par leur nombre et leur intérêt pour un ouvrage de médecine légale de plus de dix volumes, et dont la rédaction n'est pas complétement terminée.

Au milieu de tous ces travaux, Adelon trouvait encore le temps de s'occuper de littérature, et son amour pour les belles-lettres lui fit choisir pour un de ses gendres un de leurs plus heureux favoris.

Gendre de l'illustre chirurgien Sabatier dont il avait épousé une des filles en 1816, Adelon laisse un fils avocat à la Cour impériale de Paris, et deux filles mariées, l'une à M. le docteur Bourdon, et l'autre à M. Camille Doucet. Quoi qu'il soit mort âgé de quatre-vingts ans, on peut dire qu'une vie si bien remplie a été trop courte pour la science et pour sa famille.

De remarquables discours ont été prononcés sur sa tombe par M. le professeur Cruveilhier au nom de la Faculté de médecine ; par M. Béclard, au nom de l'Académie, et par M. Perdrix, au nom de l'Association des Médecins du département de la Seine.

NOMENCLATURE

DES ÉTABLISSEMENTS CLASSÉS.

PREMIÈRE CLASSE.

A

Abattoirs publics et communs à ériger dans toute commune, quelle que soit sa population. Voy. *Tueries.*
Mauvaise odeur. — (15 avril 1838.)

Acide nitrique, eau forte (Fabrication de l').
Ne se fabrique plus d'après l'ancien procédé. Voy. l'article ci-après. — (15 octobre 1810, 14 janvier 1815.)

Acide pyroligneux (Fabriques d'), lorsque les gaz se répandent dans l'air sans être brûlés.
Beaucoup de fumée et odeur empyreumatique. — (14 janvier 1815.)

Acide sulfurique (Fabrication de l').
Odeur désagréable, insalubre et nuisible à la végétation. — (15 octobre 1810, 14 janvier 1815.)

Affinage de l'or ou de l'argent par l'acide sulfurique, quand les gaz, dégagés pendant cette opération sont versés dans l'atmosphère.
Dégagement de gaz nuisibles. — (9 février 1825.)

Affinage de métaux au fourneau à coupelle ou au four à réverbère.
Fumée et vapeurs insalubres et nuisibles à la végétation. — (14 janvier 1815.)

Allumettes (Fabrication d') préparées avec des poudres ou matières détonantes ou fulminantes. Voy. *Poudres fulminantes.* (Cette classification comprend les allumettes chimiques.)
Tous les dangers de la fabrication des poudres fulminantes. — (14 janvier 1815, 21 juin 1823.)

Amidonniers. Les amidonneries où le travail s'opère sans fermentation putride, par lavages successifs, et quand elles ont un écoulement constant de leurs eaux, sont provisoirement rangées dans la 2ᵉ classe. (Décision ministérielle du 22 mars.)
Odeur fort désagréable. — (14 janvier 1815.)

Amorces fulminantes. Voy. *Fulminate de mercure.*
(25 juin 1823, 30 octobre 1836.)

Arcansons ou résines de pin (Travail en grand des), soit pour la fonte et l'épuration de ces matières, soit pour en extraire la térébenthine.
Danger du feu et odeur très désagréable. — (9 février 1825.)

Artificiers.
Danger d'incendie et d'explosion. — (15 octobre 1810, 14 janvier 1815.)

B

Bleu de Prusse (Fabriques de), lorsqu'on n'y brûle pas la fumée et le gaz hydrogène sulfuré.
(15 octobre 1810, 14 janvier 1815.)

Bleu de Prusse (Dépôts de sang des animaux destiné à la fabrication du). Voy. *Sang des animaux.*
Odeur très désagréable, surtout si le sang conservé n'est pas à l'état sec. — (9 février 1825.)

Boues et immondices (Dépôts de). Voy. *Voiries.*
Odeur très désagréable et insalubre. — (9 février 1825.)

Boyaudiers.
Odeur très désagréable et insalubre. — (15 octobre 1810.)

C

Calcination d'os d'animaux, lorsqu'on n'y brûle pas la fumée.
Odeur très désagréable de matières animales brûlées portées à une grande distance. — (9 février 1825.)

Cendres d'orfèvres (Traitement des) par le plomb.
Fumée et vapeurs insalubres. — (14 janvier 1815.)

Cendres gravelées (Fabrication des), lorsqu'on laisse répandre la fumée au dehors.
Fumée très épaisse et très désagréable par sa puanteur. — (14 janvier 1815.)

Chairs ou débris d'animaux (les dépôts, les ateliers ou les fabriques où ces matières sont préparées par la macération ou desséchées pour être employées à quelque autre fabrication).
Odeur très désagréable. — (9 février 1825.)

Chanvre (Rouissage du) en grand par son séjour dans l'eau.
Exhalaisons très insalubres.— (15 octobre 1810.)

Chanvre (Rouissage du lin et du). Voy. *Routoirs*.
Emanations insalubres, infection des eaux (fièvres).— (14 janvier 1815, 5 novembre 1826.)

Charbon animal (La fabrication ou la révivification du), lorsqu'on n'y brûle pas la fumée.
Odeur très désagréable, de matières animales brûlées portées à une grande distance.— (15 octobre 1810, 14 janvier 1815.)

Charbon de terre (Épurage du) à vases ouverts. (Cette classification comprend les fours à coke.)
Fumée et odeur très désagréables. — (9 février 1825.)

Chlorure de chaux (Fabrication en grand du).
Odeur désagréable et incommode quand les appareils perdent, ce qui a lieu de temps à autre. — (31 mai 1833.)

Chlorures alcalins, eau de Javelle (Fabrication en grand des) destinés au commerce, aux fabriques.
> Odeur désagréable et incommode quand les appareils perdent, ce qui a lieu de temps à autre. — (9 février 1825.)

Colle forte (Fabriques de).
> Mauvaise odeur. — (14 janvier 1815.)

Combustion des plantes marines, lorsqu'elle se pratique dans des établissements permanents.
> Exhalaisons désagréables nuisibles à la végétation et portées à de grandes distances. — (27 mai 1838.)

Cordes à instruments (Fabriques de).
> Sans odeur si les eaux du lavage ont un écoulement convenable, ce qui n'a pas lieu ordinairement. — (15 octobre 1810, 14 janvier 1815.)

Cretonniers.
> Mauvaise odeur et danger du feu. — (14 janvier 1815.)

Cristaux (Fabriques de). Voy. *Verre*.
> Fumée et danger du feu. — (14 janvier 1815.)

Cuirs vernis (Fabriques de), même quand on ne fait qu'appliquer le vernis. Voy. *Outres de peau de boucs*.
> Mauvaise odeur et danger du feu. — (15 octobre 1810, 14 janvier 1815.)

D

Débris d'animaux (Dépôts, etc.). Voy. *Chairs* et *Échaudoirs*.
> Odeur très désagréable. — (9 février 1825.)

Dégras ou huile épaisse à l'usage des tanneurs (Fabriques de).
> Odeur très désagréable et danger d'incendie. — (9 février 1825.)

Désargentage du cuivre par le mélange de l'acide sulfurique et de l'acide nitrique (Les ateliers de).
> Dégagement de gaz nuisibles. — (27 mai 1838.)

NOMENCLATURE DES ÉTABLISSEMENTS CLASSÉS. 175

E

Eau de Javelle (Fabrication d'). Voy. *Chlorures*.
  Alcalins. Odeur désagréable et incommode quand les appareils perdent, ce qui a lieu de temps à autre. — (9 février 1825.)

Eau forte (Fabrication d'). Voy. *Acide nitrique*.
  Odeur désagréable et incommode quand les appareils perdent, ce qui a lieu de temps à autre. — (14 janvier 1815.)

Echaudoirs ou cuisson des abatis des animaux tués pour la boucherie.
  Mauvaise odeur. — (14 janvier 1815, 31 mai 1833.)

Echaudoirs dans lesquels on prépare et l'on cuit les intestins et autres débris des animaux. (Cette classification ne comprend pas les ateliers destinés à la cuisson des *issues* et du *gras-double*, dont le nettoyage et l'échaudage ont eu lieu préalablement dans l'intérieur des abattoirs. — Décision ministérielle du 11 août 1837.)
  Très mauvaise odeur. — (14 janvier 1815.)

Émaux (Fabriques d'). Voy. *Verre*.
  Fumée. — (14 janvier 1815.)

Encres d'imprimerie (Fabriques d').
  Odeur très désagréable et danger du feu. — (14 janvier 1815.)

Engrais (Les dépôts de matières provenant de la vidange, des latrines ou des animaux destinés à servir d'). Voy. *Poudrette, Urate*.
  Odeur très désagréable et insalubre. — (9 février 1825.)

Équarrissage.
  Odeur très désagréable. — (15 octobre 1810, 14 janvier 1815.)

Éther (Fabriques d') et les dépôts d'éther, lorsque ces dépôts en contiennent plus de 40 litres à la fois.
  Explosion et danger d'incendie. — (27 janvier 1837.)

Étoupilles (Fabriques d') préparées avec des poudres ou des matières détonantes et fulminantes. Voy. *Poudres fulminantes.*

Tous les dangers de la fabrication des poudres fulminantes. — (25 juin 1823.)

F

Feutres vernis (Fabriques de). Voy. *Visières.*

Crainte d'incendie, odeur désagréable. — (5 novembre 1826.)

Fourneaux (Hauts). La formation de ces établissements est en outre régie par la loi du 21 avril 1810 sur les mines.

Fumée épaisse et danger du feu. — (14 janvier 1815.)

Fulminate de mercure, amorces fulminantes et autres matières dans la préparation desquelles entre le fulminate de mercure (Fabriques de).

Explosion et danger d'incendie. — (25 juin 1823, 30 octobre 1836.)

G

Gaz hydrogène. Extrait des eaux de condensation du gaz hydrogène. Voy. *Sel ammoniac.*

(20 septembre 1828.)

Goudron (Fabrication du).

Très mauvaise odeur et danger du feu. — (14 janvier 1815.)

Goudron (Fabriques de) à vases clos, étaient primitivement rangées dans la 2ᵉ classe.

Danger du feu, fumée et un peu d'odeur.— (14 janvier 1815, 9 février 1825.)

Goudrons (Travail en grand des), soit pour la fonte et l'épuration de ces matières, soit pour en extraire la térébenthine.

Odeur insalubre et danger du feu. — (31 mai 1833.)

Gras-double (Cuisson du). Voy. *Échaudoirs.*

H

Huiles de lin (Cuisson des).
   Odeur très désagréable et danger du feu. — (31 mai 1833.)

Huile de pied de bœuf (Fabriques d').
   Mauvaise odeur causée par les résidus. — (15 octobre 1810, 14 janvier 1815.)

Huile de poisson (Fabriques d').
   Odeur désagréable et danger du feu. — (14 janvier 1815.)

Huile de résine (Distillation de l'). Voy. *Résine*.

Huile de térébenthine et huile d'aspic (Distillation en grand de l').
   Odeur désagréable et danger du feu. — (14 janvier 1815.)

Huile épaisse à l'usage des tanneurs (Fabriques d'). Voy. *Dégras*.
   Odeur désagréable et danger du feu. — (9 février 1825.)

Huile rousse (Fabriques d') extraite de cretons et débris de graisse à une haute température.
   Odeur désagréable et danger du feu. — (14 janvier 1815.)

L

Lin (Rouissage du). Voy. *Routoirs*.
   (5 novembre 1826.)

Litharge (Fabrication de la).
   Exhalaisons dangereuses. — (14 janvier 1815.)

M

Massicot (Fabrication du), première préparation du plomb pour le convertir en minium.
   Exhalaisons dangereuses. — (14 janvier 1815.)

Ménageries.
>Danger de voir des animaux s'échapper des cages. — (14 janvier 1815.)

Minium (Fabrication du), préparation du plomb pour les potiers, faïenciers, fabriques de cristaux, etc.
>Exhalaisons moins dangereuses que celles du massicot. — (14 janvier 1815.)

N

Noir animalisé (Fabriques et dépôts de).
>Odeur très désagréable et insalubre. — (12 janvier 1837.)

Noir d'ivoire et noir d'os (Fabrication du), lorsqu'on n'y brûle pas la fumée.
>Odeur très désagréable de matières animales brûlées portée à une grande distance. — (14 janvier 1815.)

O

Orseille (Fabrication de l'). Voy. *deuxième classe.*
>Odeur désagréable. — (14 janvier 1815.)

Os d'animaux (Calcination d'). Voy. *Calcination d'os.*

P

Porcheries.
>Très mauvaise odeur et cris désagréables. — (15 octobre 1810, 14 janvier 1815.)

Potasse (Fabriques de) par la calcination de résidus provenant de la dissolution de la mélasse.

Poudres ou matières détonantes et fulminantes (Fabriques de) de la fabrication d'allumettes, d'étoupilles ou autres objets du même genre préparés avec ces sortes de poudres ou matières.
>Explosion et danger d'incendie. — (25 janvier 1823.)

Poudres ou matières fulminantes. Voy. *Fulminate de mercure.*
Poudrette.
Très mauvaise odeur. — (15 octobre 1810, 14 janvier 1815.)

R

Résines (Le travail en grand des), soit pour la fonte et l'épuration de ces matières, soit pour en extraire la térébenthine. Cette classification comprend les usines qui distillent les résines pour les convertir en huiles.
Mauvaise odeur et danger du feu. — (9 février 1825.)

Résineuses (Le travail en grand de toutes les matières), soit pour la fonte et l'épuration de ces matières, soit pour en extraire la térébenthine.
Mauvaise odeur et danger du feu. — (9 février 1825.)

Rouge de Prusse (Fabriques de) à vases couverts.
Exhalaisons désagréables et nuisibles à la végétation, quand il est fabriqué avec le sulfate de fer (couperose verte). — (14 janvier 1815.)

Routoirs servant au rouissage en grand du chanvre et du lin par leur séjour dans l'eau.
Emanations insalubres, infection des eaux. — (14 janvier 1815, 5 novembre 1826.)

S

Sabots (Ateliers à enfumer les), dans lesquels il est brûlé de la corne ou d'autres matières animales, dans les villes.
Mauvaise odeur et fumée. — (9 février 1825.)

Sang des animaux, destiné à la fabrication du bleu de Prusse (Dépôts et ateliers pour la cuisson ou la dessiccation du).
Odeur très désagréable, surtout si le sang conservé n'est pas à l'état sec. — (9 février 1825.)

Sel ammoniac ou muriate d'ammoniaque (Fabrication du) par le moyen de la distillation des matières animales.

Odeur très désagréable et portée au loin. — (15 octobre 1810, 14 janvier 1815.)

Sel ammoniac extrait des eaux de condensation du gaz hydrogène (Fabriques de).

Odeur extrêmement désagréable et nuisible, quand les appareils ne sont pas parfaits. — (20 septembre 1828.)

Soies de cochon (Les ateliers pour la préparation des) par tout procédé de fermentation.

Odeurs infectes et insalubres. — (27 mai 1838.)

Soudes de varech (La fabrication en grand des), lorsqu'elle s'opère dans des établissements permanents.

Exhalaisons désagréables, nuisibles à la végétation et portées à de grandes distances. — (27 mai 1838.)

Soufre (Fabrication des fleurs de).

Grand danger du feu et odeur désagréable. — (9 février 1825.)

Soufre (Distillation du).

Grand danger du feu et odeur désagréable. — (14 janvier 1815.)

Suif brun (Fabrication du).

Odeur très désagréable et danger du feu. — (15 octobre 1810, 14 janvier 1815.)

Suif en branches (Fonderies de) à feu nu (1).

Suif d'os (Fabrication du).

Mauvaise odeur, nécessité d'écouler les eaux. — (14 janvier 1815.)

---

(1) Les fonderies qui emploient l'acide sulfurique, le bain-marie ou la vapeur, doivent rester néanmoins dans la première classe, quand les appareils sont mal construits. Dans le cas contraire, elles sont de deuxième classe. (Ordonnance du 25 avril 1840; décision du Ministre du Commerce du 18 août 1840.)

Sulfate d'ammoniaque (Fabrication du), par le moyen de la distillation des matières animales.
    Odeur très désagréable et portée au loin.—(14 janvier 1815.)

Sulfate de cuivre (Fabrication du) au moyen du soufre et du grillage.
    Exhalaisons désagréables et nuisibles à la végétation.—(14 janvier 1815.)

Sulfate de soude (Fabrication du) à vases ouverts.
    Exhalaisons désagréables et nuisibles à la végétation et portées à de très grandes distances. — (14 janvier 1815.)

Sulfates métalliques (Grillage des) en plein air.
    Exhalaisons désagréables et nuisibles à la végétation et portées à de très grandes distances.— (14 janvier 1815.)

T

Tabac (Combustion des côtes du) en plein air.
    Odeur très désagréable. — (14 janvier 1815.)

Taffetas cirés (Fabriques de).
    Mauvaise odeur et danger du feu.—(15 octobre 1810, 14 janvier 1815.)

Taffetas et toiles vernis (Fabriques de). Voy. *Outres de peau de bouc.*

Térébenthine (Travail en grand pour l'extraction de la).
    Odeur insalubre et danger du feu. — (9 février 1825.)

Toiles cirées (Fabriques de). Comprend les toiles grasses d'emballage et toiles goudronnées pour bâches. (Décision du Ministre du Commerce du 8 janvier 1844.)
    Danger du feu, mauvaise odeur. — (9 février 1825.)

Toiles vernies (Fabrication des). Voy. *Taffetas vernis.*
    Mauvaise odeur et danger du feu.—(15 octobre 1810, 14 janvier 1815).

Tourbe (Carbonisation de la) à vases ouverts.
Très mauvaise odeur et fumée. — (15 octobre 1810, 14 janvier 1815.)

Tripiers.
Mauvaise odeur et nécessité d'écoulement des eaux — (15 octobre 1810, 14 janvier 1815.)

Tueries dans les villes dont la population excède 10 000 âmes.
Danger de voir des animaux s'échapper, mauvaise odeur. — (15 octobre 1810, 14 janvier 1815.)

U

Urate (Fabrication de l'). Mélange d'urine avec la chaux, le plâtre et la terre.
Odeur désagréable. — (9 février 1825.)

V

Vernis (Fabriques de).
Très grand danger du feu et odeur désagréable. — (15 octobre 1810, 14 janvier 1815.)

Verres, cristaux et émaux (Fabriques de), ainsi que l'établissement des verreries proprement dites, usines destinées à la fabrication du verre en grand.
Grande fumée et danger du feu. — (14 janvier 1815, 20 septembre 1828.)

Visières et feutres vernis (Fabriques de).
Odeur désagréable, crainte d'incendie.— (5 novembre 1826.)

Voieries et dépôts de boues ou de toute autre sorte d'immondices.
Odeur très désagréable et insalubre. —(9 février 1825.)

NOMENCLATURE DES ÉTABLISSEMENTS CLASSÉS. 183

DEUXIÈME CLASSE.

A

Absinthe (Distilleries d'extrait ou esprit d').
Danger d'incendie. — (9 février 1825.)

Acide muriatique (Fabrication de l') à vases clos.
Odeur très désagréable quand les appareils perdent, ce qui a lieu de temps à autre. — (14 janvier 1815.)

Acide muriatique oxygéné (Fabrication de l'). Voy. *Chlore*.
Odeur très désagréable quand les appareils perdent, ce qui a lieu de temps à autre. — (14 janvier 1815.)

Acide muriatique oxygéné (Fabrication de l'), quand il est employé dans les établissements mêmes où on le prépare. Voy. *Chlore*.
Odeur très désagréable quand les appareils perdent, ce qui a lieu de temps à autre. — (9 février 1825.)

Acide nitrique, eau forte (Fabrication de l') par la décomposition du salpêtre au moyen de l'acide sulfurique dans l'appareil de Wolf.
Odeur très désagréable quand les appareils perdent, ce qui a lieu de temps à autre. — (9 février 1825.)

Acide pyroligneux (Fabriques d'), lorsque les gaz sont brûlés.
Un peu de fumée et d'odeur empyreumatique. — (14 janvier 1815.)

Acide pyroligneux (Toutes les combinaisons de l') avec le fer, le plomb ou la soude.
Emanations désagréables qui ont constamment lieu pendant la concentration de ces produits. — (31 mai 1831.)

Aciers (Fabriques d').
Fumée et danger du feu. — (14 janvier 1815.)

Affinage de l'or ou de l'argent par l'acide sulfurique, quand les gaz dégagés pendant cette opération sont condensés.

Très peu d'inconvénients quand les appareils sont bien montés et fonctionnent bien. — (9 février 1825.)

Affinage de l'or ou de l'argent au moyen du départ et du fourneau à vent. Voy. *Or.*

Cet art n'existe plus. — (14 janvier 1815, — 22 mars 1845.)

Amidonneries avec séparation du gluten, quand le travail s'opère sans fermentation putride par lavages successifs, et quand elles ont un écoulement constant de leurs eaux.

(5 mai 1849.)

B

Battoirs à écorce dans les villes.

Bruit, poussière et quelque danger du feu. — (20 septembre 1828.)

Bitume en planches (Fabriques de).

Danger d'incendie. — (9 février 1825.)

Bitumes pissasphaltes (Atelier pour la fonte et la préparation des).

Danger d'incendie. — (31 mai 1833.)

Blanc de baleine (Raffineries de).

Peu d'inconvénient. — (5 novembre 1826.)

Blanchiment des tissus et des fils de laine ou de soie par le gaz ou l'acide sulfureux.

Emanations insalubres. — (5 novembre 1826.)

Blanchiment des toiles et fils de chanvre, de lin et de coton par le chlore.

Emanations désagréables. — (14 janvier 1815, 5 novembre 1826.)

Blanchiment des toiles par l'acide muriatique oxygéné. Voy. *Toiles.*

(15 octobre 1810, 14 janvier 1815.)

NOMENCLATURE DES ÉTABLISSEMENTS CLASSÉS. 185

Blanc de plomb ou de céruse (Fabriques de).
   Inconvénients seulement pour la santé des ouvriers. — (15 octobre 1810, 14 janvier 1815.)

Bleu de Prusse (Fabriques de), lorsqu'elles brûlent leur fumée et le gaz hydrogène sulfuré.
   Très peu d'inconvénients si les appareils sont parfaits, ce qui n'a pas lieu constamment. — (14 janvier 1815.)

Briqueteries. Voy. *Tuileries.*
   Fumée abondante au commencement de la fournée. — (14 janvier 1815.)

Buanderies de blanchisseurs de profession et les lavoirs qui en dépendent, quand ils n'ont pas un écoulement constant de leurs eaux.
   Odeur désagréable et insalubre. — (5 novembre 1826.)

C

Calcination d'os d'animaux, lorsque la fumée est brûlée.
   Odeur toujours sensible, même avec de bons appareils. — (20 septembre 1828.)

Caoutchouc. Fabriques où l'on prépare les tissus imperméables au moyen du caoutchouc dissous dans la térébenthine (provisoirement).
   (9 août 1844.)

Carbonisation du bois à air libre, lorsqu'elle se pratique dans des établissements permanents, et ailleurs que dans les bois et forêts, ou en rase campagne.
   Odeur et fumée très désagréables s'étendant au loin. — (20 septembre 1828.)

Cartonniers.
   Un peu d'odeur désagréable. — (15 octobre 1810, 14 janvier 1815.)

Cendres d'orfèvres (Traitement des) par le mercure et la distillation des amalgames.
>Danger à cause du mercure en vapeur dans l'atelier. — (15 octobre 1810, 14 janvier 1815.)

Cendres gravelées (Fabrication des), lorsqu'on brûle la fumée, etc.
>Un peu d'odeur. — (15 octobre 1810, 14 janvier 1815.)

Céruse (Fabriques de). Voy. *Blanc de plomb*.
>Inconvénients seulement pour la santé des ouvriers. — (14 janvier 1815.)

Chamoiseurs.
>Un peu d'odeur. — (15 octobre 1810.)

Chandeliers. Cette industrie comprend la fabrication des bougies stéariques.
>Quelque danger du feu, un peu d'odeur. — (14 janvier 1815.)

Chanvre. Voy. *Peignage*.
>(27 janvier 1837.)

Chanvre imperméable (Fabrication du). Voy. *Feutres goudronnés*.

Chapeaux (Fabriques de).
>Buée et odeur assez désagréables; poussière noire occasionnée par le battage après la teinture, et portée au loin. — (14 janvier 1815.)

Chapeaux de soie ou autres préparés au moyen d'un vernis (Fabrication des).
>Danger du feu et mauvaise odeur. — (27 janvier 1837.)

Charbon animal (La fabrication ou la révivification du), lorsque la fumée est brûlée.
>Odeur toujours sensible, même avec des appareils bien construits. — (20 septembre 1828.)

Charbon de bois (Magasins de Paris).
>Danger d'incendie. — (5 juillet 1834.)

Charbon de bois fait à vases clos.
   Fumée et danger du feu. — (14 janvier 1815.)

Charbon de terre épuré, lorsqu'on travaille à vases clos.
   Un peu d'odeur et de fumée. — (14 janvier 1815.)

Châtaignes (Dessiccation et conservation des).
   Très peu d'inconvénients, c'est une opération de ménage. — (14 janvier 1815.)

Chaux (Fours à) permanents. Étaient primitivement rangés dans la 1re classe.
   Grande fumée. — (15 octobre 1810, 14 janvier 1815, 29 juillet 1818.)

Chiffonniers.
   Odeur très désagréable et insalubre. — (15 octobre 1810, 14 janvier 1815.)

Chlore, acide muriatique oxygéné (Fabrication du), quand ce produit est employé dans les établissements mêmes où on le prépare.
   Odeur désagréable et incommode quand les appareils perdent, ce qui a lieu de temps à autre. — (9 février 1825.)

Chlorure de chaux (Ateliers où l'on fabrique en petite quantité, c'est-à-dire dans une proportion de 300 kilogrammes au plus par jour, du).
   Odeur désagréable et incommode quand les appareils perdent, ce qui a lieu de temps à autre. — (31 mai 1833.)

Chlorures alcalins, eau de Javelle (Fabrication des), quand ces produits sont employés dans les établissements mêmes où ils sont préparés.
   Inconvénients moindres que ci-dessus, les produits étant moins abondants. — (9 février 1825.)

Chlorures alcalins, eau de Javelle (Ateliers où l'on fabrique en petite quantité, c'est-à-dire dans une proportion de 300 kilogrammes au plus par jour, des)
   Odeur désagréable et incommode quand les appareils perdent,

ce qui a lieu de temps à autre. — (9 février 1825
31 mai 1833.)

Chromate de potasse (Fabriques de).
Dégagement de gaz nitreux. — (31 mai 1833.)

Chrysalides (Dépôts de).
Odeur très désagréable. — (20 septembre 1828.)

Cires à cacheter (Fabriques de).
Quelque danger du feu. — (14 janvier 1815.)

Colle de peau de lapin (Fabriques de).
Un peu de mauvaise odeur. — (9 février 1825.)

Corroyeurs.
Mauvaise odeur. — (14 janvier 1815.)

Couverturiers.
Danger causé par le duvet de laine en suspension dans l'air, odeur d'huile rance et de vapeurs sulfureuses, quand les soufroirs sont mal construits. — (14 janvier 1815.)

Cuirs verts (Dépôts de).
Odeur désagréable et insalubre. — (14 janvier 1815.)

Cuirs verts et peaux fraîches (Dépôts de)
Odeur désagréable et insalubre. — (14 janvier 1815, 27 janvier 1837.)

Cuivre (Fonte et laminage du).
Fumée, exhalaisons insalubres et danger du feu. — (14 janvier 1815.)

Cuivre (Dérochage du) par l'acide nitrique.
Odeur nuisible et désagréable. — (20 septembre 1828.)

D

Dérochage. Voy. *Cuivre* (Dérochage du).
(20 septembre 1828.)

E

Eau de Javelle (Fabriques de l'), chlorures alcalins.
Odeur désagréable et incommode quand les appareils perdent, ce qui a lieu de temps à autre. — (31 mai 1833.)

Eau-de-vie (Distilleries de l').
Danger du feu.— (15 octobre 1810, 14 janvier 1815.)

Eau forte (Fabrication de l'). Voy. *Acide nitrique.*
Odeur désagréable et incommode quand les appareils perdent, ce qui a lieu de temps à autre. — (14 janvier 1815, 9 février 1825.)

Eaux savonneuses de fabriques (Extraction des) et des autres corps gras contenus dans les eaux savonneuses et de fabriques. Voy. *Huile.*
(20 septembre 1828.)

Éponges. Voy. *Lavage.*
(27 janvier 1837.)

F

Faïences (Fabriques de).
Fumée au commencement des fournées.— (14 janvier 1815.)

Feutre goudronné propre au doublage des navires (Fabrication du). Cette classification comprend la fabrication des chanvres imperméables.
Mauvaise odeur et danger d'incendie.— (31 mai 1838.)

Filature de cocons. Les ateliers dans lesquels elle s'opère en grand, c'est-à-dire qui contiennent au moins six tours, sont, comme par le passé, soumis à la seule surveillance de l'autorité municipale.
Odeur fétide produite par la décomposition des matières animales. — (27 mai 1838.)

Fonderies de fer. Voy. *Hauts-Fourneaux.*

Fonderies au fourneau à la Wilkinson.
   Fumée et vapeurs nuisibles. — (9 février 1825.)

Fondeurs en grand au fourneau à réverbère.
   Fumée dangereuse, surtout dans les fourneaux où l'on traite le plomb, le zinc, le cuivre, etc.— (14 janvier 1815.)

Forges de grosses œuvres, c'est-à-dire celles où l'on fait usage de moyens mécaniques pour mouvoir, soit les marteaux, soit les masses soumises au travail.
   Beaucoup de fumée, crainte d'incendie. —(5 novembre 1826.)

Fours à cuire les cailloux destinés à la fabrication des émaux.
   Beaucoup de fumée. — (5 novembre 1826.)

G

Galons et tissus d'or et d'argent (Brûleries en grand des).
   Mauvaise odeur — (14 janvier 1815.)

Gaz hydrogène. Les usines et ateliers où le gaz est fabriqué, et les gazomètres qui en dépendent.
   Odeur désagréable, fumée, danger d'incendie et d'explosion.— (20 août 1824, 27 janvier 1846.)

Gaz (Ateliers où l'on prépare les matières grasses propres à la production du).
   Danger du feu. — (31 mai 1833.)

Genièvre (Distilleries de).
   Danger du feu.— (14 janvier 1815.)

H

Hareng (Saurage du).
   Mauvaise odeur.— (14 janvier 1815.)

Hongroyeurs.
   Mauvaise odeur.— (15 octobre 1810, 14 janvier 1815.)

Huile (Extraction de l') et des autres corps gras contenus dans les eaux savonneuses de fabriques.
>   Mauvaise odeur et quelque danger du feu. — (20 septembre 1828.)

Huile de térébenthine et autres huiles essentielles (Dépôts d')- Doivent être isolés de toute habitation.
>   Danger du feu d'autant plus grand que l'huile peut se volatiliser dans les magasins, et que l'approche d'une lumière détermine l'inflammation. — (9 février 1825.)

Huiles (Épuration des) au moyen de l'acide sulfurique.
>   Danger du feu et mauvaise odeur produite par les eaux d'épuration. — (14 janvier 1815.)

I

Indigoterie.
>   Cet art, qu'on avait essayé en France, n'y existe plus. — (14 janvier 1815.)

L

Lard (Ateliers à enfumer le).
>   Odeur et fumée. — (14 janvier 1815.)

Lavage et séchage d'éponges (Établissements de).
>   Mauvaise odeur produite par les eaux qui s'en écoulent. — (27 janvier 1837.)

Lavoirs de blanchisseurs de profession. Voy. *Buanderies*.
>   (5 novembre 1826.)

Lin. Voy. *Peignage*.
>   (27 janvier 1837.)

Liqueurs (Fabrication des).
>   Danger du feu. — (14 janvier 1815.)

M

Maroquiniers.
Mauvaise odeur. — (14 janvier 1815.)

Machines et chaudières à haute pression, c'est-à-dire celles dans lesquelles la force élastique de la vapeur fait équilibre à plus de deux atmosphères, lors même qu'elles brûlent complétement leur fumée.
Fumée, attendu qu'il n'y en a jusqu'à présent aucune qui la brûle complétement ; danger d'explosion de chaudières. — (15 octobre 1810, 14 janvier 1815, 29 octobre 1823, 25 mars 1830, 22 mai 1843.)

Machines et chaudières à basse pression, c'est-à-dire fonctionnant à moins de deux atmosphères, brûlant ou non la fumée.
Fumée, attendu qu'il n'y en a jusqu'à présent aucune qui la brûle complétement ; danger d'explosion de chaudières. — (15 octobre 1810, 14 janvier 1815, 29 octobre 1823, 25 mars 1830, 22 mai 1843.)

Mégissiers.
Mauvaise odeur. — (15 octobre 1810, 14 janvier 1815.)

Moulins à broyer le plâtre, la chaux et les cailloux.
Bruit Le travail, étant fait par la voie sèche, a des inconvénients graves pour la santé des ouvriers, et même un peu pour le voisinage. — (9 février 1825.)

Moulins à farine dans les villes.
Bruit et poussière. — (9 février 1825.)

N

Noir de fumée (Fabrication du).
Danger du feu. — (15 octobre 1810.)

Noir d'ivoire et d'os (Fabrication du), lorsqu'on brûle la fumée.
    Odeur toujours sensible, même avec des appareils bien construits.— (14 janvier 1815.)

Noir minéral (Carbonisation et préparation de schistes bitumineux pour fabriquer le).
    Mauvaise odeur.— (31 mai 1833.)

O

Or et argent (Affinage de l') au moyen du départ et du fourneau à vent.
    Cet art n'existe plus.— (14 janvier 1815.)

Orseille (Fabriques d') à vases clos, en n'employant que de l'ammoniaque ou des sels alcalins à l'exclusion formelle de l'urine.
    Mauvaise odeur.— (6 mai 1849.)

Os (Blanchiment des) pour les éventaillistes et les boutonniers.
    Très peu d'inconvénients, le blanchiment se faisant par la vapeur et par la rosée.— (6 mai 1849.)

Os d'animaux (Calcination d'). Voy. *Calcination d'os*.
    Odeur très désagréable de matières animales brûlées portées à une grande distance.— (9 février 1825.)

Oxyde de zinc.
    Grande fumée, poussière.— (21 février 1848.)

P

Papiers (Fabriques de).
    Danger du feu.— (14 janvier 1815.)

Parcheminiers.
    Un peu d'odeur désagréable.— (14 janvier 1815.)

Peaux de lièvre et de lapin. Voy. *Sécrétage*.
    (20 septembre 1828.)

Peaux fraîches. Voy. *Cuirs verts.*
(14 janvier 1815, 27 janvier 1837.)

Peignage en grand du chanvre et du lin dans les villes (Ateliers pour le).
Incommodité produite par la poussière et danger du feu. — (27 janvier 1837.)

Phosphore (Fabriques de).
Danger d'incendie.— (5 novembre 1826.)

Pipes à fumer (Fabrication des).
Fumée comme dans les petites fabriques de faïence.—(14 janvier 1815.)

Plâtre (Fours à) permanents, étaient primitivement rangés dans la 1re classe.
Fumée considérable, bruit et poussière.— (15 octobre 1810, 29 juillet 1818.)

Plomb (Fonte du) et laminage de ce métal.
Très peu d'inconvénients.—(15 octobre 1810, 14 janvier 1815.)

Poëliers fournalistes. Poêles et fourneaux de faïence et terre cuite.
Fumée dans le commencement de la fournée. — (15 octobre 1810, 14 janvier 1815.)

Poils de lièvre et de lapin. Voy. *Sécrétage.*
(20 septembre 1828.)

Porcelaine (Fabrication de la).
Fumée dans le commencement du petit feu et danger d'incendie.— (14 janvier 1815.)

Potasse. Voy. *Chromate de potasse.*
(31 mai 1833.)

Potier d'étain.
Très peu d'inconvénients.— (14 janvier 1815.)

Potier de terre.
Fumée au petit feu.— (14 janvier 1815.)

R

Rogues (Dépôts de salaisons liquides connues sous le nom de).
 Odeur désagréable.— (5 novembre 1826.)

Rouge de Prusse (Fabriques de) à vases clos.
 Un peu d'odeur nuisible et un peu de fumée. — (14 janvier 1815.)

S

Salaison (Ateliers pour la) et le saurage du poisson.
 Odeur très désagréable.— (9 février 1825.)

Salaisons (Dépôts de).
 Odeur désagréable.— (9 février 1825.)

Sardines (Fabriques de) situées dans les villes.
 Odeur désagréable.— (19 février 1853.)

Schistes bitumineux. Voy. *Noir minéral.*
 (31 mai 1833.)

Séchage d'éponges. Voy. *Lavage.*
 (27 janvier 1837.)

Sécheries de morue.
 Odeur très désagréable.— (31 mai 1833.)

Sécrétage de peaux ou poils de lièvre et de lapin.
 Emanations fort désagréables.— (20 septembre 1828.)

Sel ou muriate d'étain (Fabrication du).
 Odeur très désagréable.— (14 janvier 1815.)

Soufre (Fusion du) pour le couler en canons, et épuration de cette même matière par fusion ou décantation.
 Grand danger du feu et odeur désagréable.—(9 février 1825.)

Sucre (Raffineries de).
 Fumée, buée et mauvaise odeur.—(14 janvier 1815.)

Sucre (Fabriques de),
 Fumée, buée et mauvaise odeur.— (27 janvier 1837.)

Suif (Fonderies de) au bain-marie ou à la vapeur.
Quelque danger du feu.— (14 janvier 1815.)

Sulfate de soude (Fabrication du) à vases clos.
Un peu d'odeur et de fumée.— (14 janvier 1815.)

Sulfate de fer et de zinc (Fabrication du), lorsqu'on forme ce sel de toutes pièces avec l'acide sulfurique et les substances métalliques.
Un peu d'odeur désagréable.— (14 janvier 1815.)

Sulfures métalliques (Grillage des) dans les appareils propres à tirer le soufre et à utiliser l'acide sulfureux qui se dégage.
Un peu d'odeur désagréable.— (14 janvier 1815.)

T

Tabac (Fabriques de).
Odeur très désagréable.—(15 octobre 1810, 14 janvier 1815.)

Tabatières de carton (Fabrication des).
Un peu d'odeur désagréable et danger du feu. — (14 janvier 1815.)

Tanneries.
Mauvaise odeur.— (14 janvier 1815.)

Tissus d'or et d'argent (Brûleries en grand des). Voy. *Galons*.
Mauvaise odeur. — (14 janvier 1815.)

Toiles (Blanchiment des) par l'acide muriatique oxygéné.
Odeur désagréable.— (15 octobre 1810.)

Tôle vernie.
Mauvaise odeur et danger du feu.— (9 février 1825.)

Tourbe (Carbonisation de la) à vases clos.
Odeur désagréable.— (14 janvier 1815.)

Tuileries et briqueteries.
Fumée épaisse pendant le petit feu.— (14 janvier 1815.)

V

Vernis. Voy. *Chapeaux.*
    Danger d'incendie.— (31 mai 1833.)

Vernis à l'esprit-de-vin (Fabriques de).
    Danger d'incendie.— (31 mai 1833.)

Vernisseurs. Voy. *Tôle vernie.*
    Danger d'incendie.— (31 mai 1833.)

Z

Zinc (Usines à laminer le). L'instruction des demandes en établissement d'usine à fondre le zinc et le minerai de zinc est régie par la loi du 21 avril 1810 sur les mines.
    Danger du feu et vapeurs nuisibles.— (20 septembre 1828.)

TROISIÈME CLASSE.

A

Acétate de plomb, sel de Saturne (Fabrication de l').
    Quelques inconvénients, mais seulement pour la santé des ouvriers.— (14 janvier 1815.)

Acide acétique (Fabrication de l').
    Peu d'inconvénients.— (5 novembre 1826.)

Acide tartrique (Fabriques de l')
    Un peu de mauvaise odeur.— (5 novembre 1826.)

Alcali caustique en dissolution (Fabrication de l'). Voy. *Eau seconde.*
    Très peu d'inconvénients.— (14 janvier 1815.)

Alcali volatil. Voy. *Ammoniaque.*
    (31 mai 1833.)

Alun. Voy. *Sulfate de fer et d'alumine.*
(5 octobre 1810, 14 janvier 1815.)

Ammoniaque ou alcali volatil (Fabrication en grand avec les sels ammoniacaux de l').
Odeur désagréable.— (31 mai 1833.)

Ardoises artificielles et mastics de différents genres (Fabriques de).
Odeur désagréable, danger du feu.— (20 septembre 1828.)

B

Baleine (Travail des fanons de).
Abondantes vapeurs d'une odeur fade et tenace; putréfaction des eaux quand on n'a pas le soin de les jeter immédiatement.

Battage en grand et journalier de la laine et de la bourre.
Bruit et poussière fétide, ou insalubre et incommode. — (31 mai 1833.)

Batteurs d'or et d'argent.
Bruit. — (14 janvier 1815.)

Blanchiment de toiles et fils de chanvre, de lin ou de coton par les chlorures alcalins.
Peu d'inconvénients. — (5 novembre 1826.)

Blanc d'Espagne (Fabriques de).
Très peu d'inconvénients.— (14 janvier 1815.)

Bois dorés (Brûleries de).
Très peu d'inconvénients; l'opération se faisant très en petit.— (14 janvier 1815.)

Borax artificiel (Fabriques de).
Très peu d'inconvénients.— (9 février 1825.)

Borax (Raffinage du).
Très peu d'inconvénients.— (14 janvier 1815.)

Bougies de blanc de baleine (Fabriques de).
Quelque danger d'incendie.— (9 février 1825.)
Bourre. Voy. *Battage.*
(31 mai 1833.)
Boutons métalliques (Fabrication des).
Bruit.— (15 octobre 1810, 14 janvier 1815.)
Brasseries.
Fumée épaisse quand les fourneaux sont mal construits, et un peu d'odeur.— (14 janvier 1815.)
Briqueteries ne faisant qu'une seule fournée en plein air, comme on le fait en Flandre.
Fumée abondante au commencement de la fournée ; danger d'incendie.— (14 janvier 1815, 5 novembre 1826.)
Briquets phosphoriques et briquets oxygénés (Fabriques de).
Danger d'incendie. — (5 novembre 1826.)
Buanderies.
Inconvénients graves par la décomposition des eaux de savon, quand elles n'ont pas d'écoulement.— (14 janvier 1815.)
Buanderies de blanchisseurs de profession et les lavoirs qui en dépendent, quand ils ont un écoulement constant de leurs eaux.
Peu d'inconvénients.—(14 janvier 1815, 5 novembre 1826.)

C

Camphre (Préparation et raffinage du).
Odeur forte et quelque danger d'incendie.—(14 janvier 1815.)
Caractères d'imprimerie (Fonderies de).
Très peu d'inconvénients. — (15 octobre 1810, 14 janvier 1815.)
Caramel en grand (Fabriques de).
Danger du feu, odeur désagréable. — (5 novembre 1826.)
Cendres (Laveurs de).
Très peu d'inconvénients.— (14 janvier 1815.)

Cendres bleues et autres précipités de cuivre (Fabrication des).
Aucun inconvénient, si ce n'est celui de l'écoulement au dehors des eaux du lavage.— (14 janvier 1815, 9 février 1825.)

Chantiers de bois à brûler, dans les villes.
Danger du feu; exigeant la surveillance de la police.

Charbon de bois dans les villes (Les dépôts de).
Danger d'incendie, surtout quand les charbons ont été préparés à vases clos, attendu qu'ils peuvent prendre feu spontanément.— (9 février 1825.)

Charbon de bois à Paris. Lieux destinés à leur vente à la petite mesure. (Dépôts de 100 hectolitres.)
Danger d'incendie.— (5 juillet 1834.)

Chaux (Fours à) ne travaillant pas plus d'un mois par année.
Grande fumée.— (14 janvier 1815.)

Chicorée, café (Fabriques de).
Très peu d'inconvénients.— (9 février 1825.)

Chromate de plomb (Fabriques de),
Très peu d'inconvénients.— (9 février 1825.)

Ciriers.
Danger du feu.— (15 octobre 1810, 14 janvier 1815.)

Colle de parchemin et d'amidon (Fabriques de). Voy. *Gélatine.*
Très peu d'inconvénients.— (14 janvier 1815.)

Corne (Travail de la) pour la réduire en feuilles.
Un peu de mauvaise odeur. — (15 octobre 1810, 14 janvier 1815.)

Cristaux de soude, sous-carbonate de soude cristallisé (Fabrication de).
Très peu d'inconvénients.— (14 janvier 1815.)

Cuisson de têtes d'animaux dans les chaudières établies sur un fourneau de construction, quand elle n'est pas accompagnée de fonderie de suif. Voy. *Échaudoirs.*
Fumée, légère odeur.— (31 mai 1833.)

D

Dégraisseurs. Voy. *Teinturiers-Dégraisseurs.*
Très peu d'inconvénients.— (14 janvier 1815.)

Doreurs sur métaux.
On a à craindre les maladies des doreurs, le tremblement, etc., mais ce n'est que pour les ouvriers. — (15 octobre 1810, 14 janvier 1815.)

E

Eau seconde (Fabrication de l') de peintre en bâtiment, alcali caustique en dissolution.
Très peu d'inconvénients.— (14 janvier 1815.)

Echaudoirs dans lesquels on traite les têtes et les pieds d'animaux, afin d'en séparer le poil.
Fumée et légère odeur.— (31 mai 1833.)

Encre à écrire (Fabriques d').
Très peu d'inconvénients.— (14 janvier 1815.)

Engraissage (Établissements en grand pour l').
Mauvaise odeur et incommodité.— (31 mai 1833.)

Essayeurs.
Très peu d'inconvénients.— (14 janvier 1815.)

Étain (Fabrication des feuilles d').
Peu d'inconvénients, l'opération se faisant au laminoir. — (14 janvier 1815.)

F

Fécule de pommes de terre (Fabriques de).
Mauvaise odeur provenant des eaux du lavage quand elles sont gardées.— (9 février 1825.)

Fer-blanc (Fabrique de).
Très peu d'inconvénients.— (14 janvier 1815.)

Fondeurs au creuset.
Un peu de fumée.— (14 janvier 1815.)

Fromages (Dépôts de).
Odeur très désagréable.— (14 janvier 1815).

G

Gaz hydrogène (Les petits appareils pour fabriquer le), pouvant fournir au plus, en 12 heures, 10 mètres cubes, et les gazomètres qui en dépendent.
Odeur, danger d'explosion et d'incendie. — (25 mars 1838, 27 janvier 1846.)

Gazomètres non attenant à des appareils producteurs, et dont la capacité excède 10 mètres cubes; ceux d'une capacité moindre peuvent être établis après déclaration à l'autorité municipale.
Odeur, danger d'explosion et d'incendie.— (27 janvier 1846.)

Gaz (Ateliers pour le grillage des tissus de coton par le). La surveillance de la police locale établie pour les ateliers d'éclairage par le gaz est applicable aux ateliers pour le grillage.
Peu d'inconvénients, l'opération se faisant en petit — (9 février 1825.)

Gélatine extraite des os (Fabrication de la) par le moyen des acides et de l'ébullition.
Odeur assez désagréable quand les matières ne sont pas fraîches. — (9 février 1825.)

Glaces (Battage des).
Inconvénient pour les ouvriers seulement, qui sont sujets au tremblement des doreurs.— (14 janvier 1815.)

Grillage des tissus de coton par le gaz (Ateliers de). Voy. *Gaz hydrogène*.
Peu d'inconvénients, l'opération se faisant en petit. — (9 février 1825.)

L

Laine. Voy. *Battage*.
   (31 mai 1833.)

Laques (Fabrication des).
   Très peu d'inconvénients.— (14 janvier 1815.)

Lavoirs à laine (Établissement des).
   Doivent être placés sur les rivières et ruisseaux, au-dessous des villes et villages.— (9 février 1825.)

Lavoirs de blanchisseurs de profession. Voy. *Buanderies* (2ᵉ classe).

Lustrage des peaux.
   Très peu d'inconvénients.— (5 novembre 1826.)

M

Mastic. Voy. *Ardoises artificielles et mastics de différents genres.*
   (20 septembre 1828.)

Moulins à huile.
   Un peu d'odeur et quelque danger du feu.—(14 janvier 1815.)

O

Ocre jaune (Calcination de l') pour le convertir en ocre rouge.
   Un peu de fumée.— (14 janvier 1815.)

P

Papiers peints et papiers marbrés (Fabriques de).
   Danger du feu.— (15 octobre 1810.)

Plâtre (Fours à) ne travaillant pas plus d'un mois par année.
   Fumée dans la proportion du travail.— (14 janvier 1815.)

Plomb de chasse (Fabrication du).
 Très peu d'inconvénients. — (15 octobre 1810, 14 janvier 1815.)

Plombier et fontainier.
 Très peu d'inconvénients.— (14 janvier 1815.)

Potasse (Fabriques de).
 Très peu d'inconvénients.— (14 janvier 1815.)

Précipité de cuivre (Fabrication du) Voy. *Cendres bleues*.
 Très peu d'inconvénients.— (14 janvier 1815.)

S

Sabots (Ateliers à enfumer les).
 Fumée.— (14 janvier 1815.)

Salpêtre (Fabrication et raffinage du).
 Fumée et danger du feu.— (14 janvier 1815.)

Savonneries.
 Buée, fumée et odeur désagréable. — (15 octobre 1810, 14 janvier 1815.)

Sel (Raffineries de) (1).
 Très peu d'inconvénients.— (14 janvier 1815.)

Sel de Saturne (Fabrication du). Voy. *Acétate de plomb*.
 Quelques inconvénients, mais seulement pour la santé des ouvriers.— (14 janvier 1815.)

Sel de soude sec (Fabrication du), sous-carbonate de soude sec.
 Très peu de fumée.— (14 janvier 1815.)

(1) On doit assimiler aux raffineries de sel les usines destinées à l'élaboration du sel gemme et au traitement des eaux salées. Ces usines sont en outre régies par la loi du 12 avril 1810, par celle du 17 juin 1840 et enfin par l'ordonnance du 7 mars 1841. (Instruction du Ministre des Travaux publics.)

Sirop de fécule de pommes de terre (Fabrication du).
  Nécessité d'écouler les eaux.— (9 février 1825.)
Soude (Fabrication de la) ou décomposition du sulfate de soude.
  Fumée.— (15 octobre 1810, 14 janvier 1815.)
Sulfate de cuivre (Fabrication du) au moyen de l'acide sulfurique et de l'oxyde de cuivre, ou du carbonate de cuivre.
  Très peu d'inconvénients.— (14 janvier 1815.)
Sulfate de fer et d'alumine, extraction de ces sels des matériaux qui les contiennent tout formés, et transformation du sulfate d'alumine en alun.
  Fumée et buée.— (15 octobre 1810, 14 janvier 1815.)
Sulfate de potasse (Raffinage du).
  Très peu d'inconvénients.— (14 janvier 1815.)

T

Tartre (Raffinage du).
  Très peu d'inconvénients.— (14 janvier 1815.)
Teinturiers.
  Très peu d'inconvénients.— (14 janvier 1815.)
Teinturiers-Dégraisseurs.
  Buée et odeur désagréable quand les soufroirs sont mal construits.— (15 octobre 1810, 14 janvier 1815.)
Toile peinte (Ateliers de) (1).
  Mauvaise odeur et danger du feu.— (20 septembre 1828.)

---

(1) Cette classification comprend les ateliers d'impression sur étoffes, avec cette différence qu'il peut y avoir lieu à une tolérance pour les ouvriers imprimeurs travaillant en chambre, et n'ayant pas plus de deux ou trois tables d'impression, alors qu'il est démontré que leur travail ne peut donner lieu à aucune espèce d'inconvénient. (Décision du Ministre du Commerce du 16 novembre 1836.)

Tréfileries.

Bruit, danger du feu. — (20 septembre 1828.)

Tueries dans les communes dont la population est au-dessous de 10 000 habitants. Voy. *Abattoirs.*

Danger de voir les animaux s'échapper; mauvaise odeur. — (14 janvier 1815.)

V

Vacheries dans les villes dont la population excède 5000 habitants.

Mauvaise odeur. — (15 octobre 1810, 14 janvier 1815.)

Verdet (Fabrication du). Voy. *Vert-de-gris.*

Très peu d'inconvénients. — (14 janvier 1815.)

Vert-de-gris et verdet (Fabrication du).

Très peu d'inconvénients. — (14 janvier 1815.)

Viandes (Salaison et préparation des).

Légère odeur. — (14 janvier 1815.)

Vinaigre (Fabrication du).

Très peu d'inconvénients. — (14 janvier 1815.)

NOMS DES MEMBRES DU CONSEIL

QUI ONT RÉDIGÉ LES RAPPORTS GÉNÉRAUX

pour les années antérieures à 1849.

Rapport collectif.

MM.

1802 à 1807. Ch. L. CADET-GASSICOURT, secrétaire, *rapporteur*.

Rapport annuel.

1808 à 1820. Ch. L. CADET-GASSICOURT, secrétaire, *rapporteur*.
1821. PARISET, secrétaire, *rapporteur*.
1822. BÉRARD, vice-président, *rapporteur*.
1823 à 1829. PETIT, secrétaire, *rapporteur*.

Rapport collectif.

1830 à 1834. JUGE, *rapporteur*.

Rapport annuel.

1835. CHEVALLIER, secrétaire, *rapporteur*.
1836. LECANU, *idem*.
1837. BEAUDE, *idem*.
1838. ÉMERY, *idem*.
1839. BUSSY, *idem*.
1840. GUÉRARD, *idem*.
1841. OLLIVIER ('d'Angers), *idem*.
1842. F. CADET-GASSICOURT, *idem*.
1843. A. DEVERGIE, *idem*.
1844. PAYEN, *idem*.
1845. F. CADET-GASSICOURT, *idem*.
1846. BUSSY, vice-président, *rapporteur*.
1847. FLANDIN, secrétaire, *rapporteur*.
1848. A. DEVERGIE, *rapporteur*.

CONSEIL

D'HYGIÈNE PUBLIQUE ET DE SALUBRITÉ

DU DÉPARTEMENT DE LA SEINE.

M. le Préfet de Police, *président*.

M. Duchesne, *vice-président*. — M. Trebuchet, *secrétaire*.

LISTE ALPHABÉTIQUE DES MEMBRES DU CONSEIL.

MM. Baube, rue de Ponthieu, 12.
Beaude, rue Chabannais, 3.
Bouchardat, rue Cloître-Notre-Dame, 8.
Boudet, rue Cherche-Midi, 21.
Boussingault, rue des Vosges, 8.
Boutron, rue d'Aumale, 11.
Bussy, rue de Rivoli, 132.
Chevallier, rue du Faubourg-Saint-Denis, 188.
Combes, rue d'Enfer, 30.
Devergie, rue Richer, 24.
Duchesne, rue d'Assas, 1.
Du Souich, rue Férou, 4.
Guérard, carrefour de l'Odéon, 10.
Huzard, rue de l'Éperon, 5.
Jarry, à la Préfecture de Police.
Jobert (de Lamballe), place de la Madeleine, 30.

MM. Larrey (baron), rue de Lille, 94.
Lasnier, rue de la Tour, 44 (Passy).
Lecanu, rue Neuve-Saint-Paul, 3.
Lélut, rue Vanneau, 15.
Lévy (Michel) au Val-de-Grâce.
Maillebiau, rue de Sèvres, 2.
Michal, rue du Regard, 5.
Payen, rue Saint-Martin, 292.
Péligot, hôtel des Monnaies, quai Conti.
Poggiale, rue Soufflot, 22.
Rayer, rue de Londres, 14.
Tardieu, rue de Luxembourg, 46.
Trebuchet, rue de l'Est, 1.
Vernois, rue d'Isly, 13.
Viel, rue de Lafayette, 7.

(26 séances par an.)

M. Charles POISSON, secrétaire général du Conseil
Délégué auprès des Commissions d'Arrondissement.

COMMISSIONS DES 22 ARRONDISSEMENTS
DU DÉPARTEMENT DE LA SEINE.

1er Arrondissement (Séance le 1er mercredi du mois, à 3 heures).

Membres titulaires:

MM.
Prieur de la Comble, maire, *président*, rue de Rivoli, 79.
Tessereau, docteur en médecine, *vice-président*, rue de Rivoli, 55.
Cordier, docteur en médecine, *secrétaire*, quai Saint-Michel, 19.

MM.

Léger, docteur en médecine, rue de Rivoli, 126.
Delmas, docteur en médecine, rue Sainte-Anne, 16.
Comperat, docteur en médecine, rue des Pyramides, 4.
Mouton, ancien juge consulaire, boulevart Poissonnière, 8.
Hervé-Mangon, ingénieur des ponts et chauss., rue Grenelle-S-G. 42.
Adrian, pharmacien, rue Coquillière, 25.

Membres adjoints:

Gelin, architecte, rue Saint-Honoré, 91.
De Bierne, architecte, rue de Rivoli, 124.
Pillon fils, docteur en médecine, avenue Victoria, 14.

2ᵉ ARRONDISSEMENT (Séance le 3ᵉ mercredi du mois, à 3 1/2).

Membres titulaires:

, maire, *président.*
Delasalle, négociant, *vice-président*, rue Vivienne, 12.
Thibault, médecin, *secrétaire*, place du Caire, 51.
Ameville, médecin, rue Neuve-Saint-Eustache, 36.
Gagné, architecte, rue de Cléry, 9.
Hillairet, médecin, rue Louis-le-Grand, 25.
Lobligeois, médecin, rue Neuve-des-Petits-Champs, 26.
Mayet, pharmacien, rue Neuve-Montmorency, 4.
Savoye, architecte, rue des Jeûneurs, 27.
Thorel, propriétaire, rue du Sentier, 11.

Membres adjoints:

(Néant.)

3ᵉ ARRONDISSEMENT (Séance le 1ᵉʳ lundi du mois à 2 heures).

Membres titulaires:

Arnaud-Jeanti, maire, *président.*
Gaide, médecin, *vice-président*, boulevart Saint-Martin, 21.
Magne, architecte, *secrétaire*, rue du Paradis, 12.
Collet, propriétaire, rue du Grand-Chantier, 7.
Escoffier, médecin, rue des Filles-du-Calvaire, 12.

COMMISSIONS D'ARRONDISSEMENTS.

MM.

Duparcque, médecin, rue des Quatre-Fils, 22.
Bouley, pharmacien, rue Saint-Louis, 17.
Naveleur, pharmacien, rue Saint-Martin, 324.
Roussel, pharmacien, rue Michel-le-Comte, 1.
De Labry, ingénieur municipal, rue du Temple, 78.

Membre adjoint :

Rigaud, médecin, rue Portefoin, 6.

Membre honoraire :

Pâtissier, médecin, rue de Bracque, 4.

4ᵉ ARRONDISSEMENT (Séance le 2ᵉ mardi du mois, à 2 heures).

Membres titulaires :

Drouin, maire, *président.*
Charpentier, médecin, *vice-président*, quai Bourbon, 29.
Vasseur, médecin, *secrétaire*, rue du Temple, 15.
Chaleyer, ingénieur, rue du Roi-de-Sicile, 26.
Demar, architecte, rue Geoffroy-Lasnier, 26.
Henry, médecin, rue Pernelle, 8.
'Exibard, pharmacien, rue Saint-Martin, 125.
Prudhomme, vétérinaire, rue Saint-Antoine, 170.
Augouard, médecin, rue des Vosges, 5.
Mentet, pharmacien, rue des Deux-Ponts, 11.

Membres adjoints :

Louyet, médecin, rue Saint-Antoine, 22.
Dumont, avoué, rue de Rivoli, 88.
Brémare, architecte, boulevart Sébastopol, 26.
Morétin, médecin, rue de Rivoli, 68.
Jobert, pharmacien, rue Saint-Antoine, 146.
Pontonnier, ancien sous-chef de bureau, rue du Lion-Saint-Paul, 8.
Mandinat, pharmacien, rue de la Cité, 19.

5ᵉ ARRONDISSEMENT (Séance le 2ᵉ samedi du mois, à 1 heure).

Membres titulaires :

Rataud, maire, *président*, rue des Feuillantines, 7.

HYGIÈNE PUBLIQUE.

MM.

Boisduval, médecin, *vice-président*, rue des Fossés-St.-Jacques, 28.
Pellat, chef de bureau, *secrétaire*, rue Soufflot, 1.
Thiellement, propriétaire, rue des Noyers, 31.
Buirat, pharmacien, rue Soufflot, 1.
D'Heurle, médecin, quai de la Tournelle, 27.
Durand, tanneur, rue Scipion, 18.
Rateau, architecte, rue des Bernardins, 15.
Vollier, brasseur, rue d'Enfer, 77.

Membres adjoints :

Becquet, propriétaire, rue des Noyers, 37.
Bourjuge, administr. du bureau de bienfais., École polytechnique.
Brazier, propriétaire, rue du Cardinal-Lemoine, 2.
De Kormelitz, chef de bureau, quai Saint-Bernard.
Guignet, répétiteur à l'École polytechnique, rue des Boulangers, 30.
Durand, propriétaire, rue de Buffon, 75.
Vallon, fabricant d'eau minérale, rue de Lourcine, 6.
Roujon, médecin, rue Saint-Jacques, 236.
Fortin, architecte, rue Saint-Jacques, 171.
Berger, propriétaire, rue Saint-Jacques, 309.
De Pradelle, entrepreneur, rue Gracieuse, 41.
Moutardier, pharmacien, rue Saint-Jacques, 304.
Verwaest-Beranger, pharmacien, rue Saint-Jacques, 169.
Herthemathe, architecte, rue Soufflot, 5.
Momenhein, chef d'institution, rue des Postes, 4.

6ᵉ Arrondissement (Séance le 2ᵉ jeudi du mois, à 2 h. 1/2).

Membres titulaires :

Gressier, maire, *président*, rue Notre-Dame-des-Champs, 18.
Blondeau, pharmacien, *vice-président*, rue Servandoni, 23.
Houel, prof. agr. à la Fac. de méd., *secr.*, r. de l'École-de-Méd., 15.
Babinet, membre de l'Institut, rue Servandoni, 15.
Blatin, médecin, rue Bonaparte, 30.
Fourdrin, architecte, rue Guénégaud, 15.
Gondoin, architecte, rue Corneille, 3.

COMMISSIONS D'ARRONDISSEMENTS.

MM.
Lézeret de Lamaurimi, chef de bureau, rue Monsieur-le-Prince, 60.
Rousselle, ingénieur des ponts et chaussées, rue Saint-Benoît, 13.
Vatel, médecin-vétérinaire, rue des Saints-Pères, 51.

Membres adjoints:

Paul, médecin, rue Taranne, 9.
Homolle, médecin, rue Bonaparte, 7.
Bouvrain fils, architecte, rue Serpente, 31.
Tarlier, avocat, rue de l'Éperon, 10.
Flamant, architecte, cour du Commerce, 20.
Le Baigue, pharmacien, rue du Four, 78.
Thevenin (Evariste), homme de lettres, rue Monsieur-le-Prince, 62.
Taurin, médecin, rue Monsieur-le-Prince, 53.
Desmazure, architecte, rue Monsieur-le-Prince, 48.
Bouchain, architecte, rue Saint-Maur, 1.
De Lynes, chimiste, rue Vaugirard, 84.
Dumas, médecin, rue des Saints-Pères, 10.
Pascal (Étienne), rue Jacob, 18.
Delperrier, médecin-vétérinaire, rue Barouillère, 3.

7ᵉ ARRONDISSEMENT (Séance le 2ᵉ jeudi du mois, à midi).

Membres titulaires.

Le marquis Villeneuve de Bargemont, maire, *président.*
Féline Romany, ingénieur des ponts et chaussées, *vice-président,* passage Sainte-Marie, 2 ter.
Delpech, médecin, rue du Bac, 108.
Fauve, médecin, rue Rousselet, 31.
Gobley, membre de l'Académie de médecine, rue de Grenelle, 34.
Marcel, architecte, rue Vanneau, 36.
Thevenod, médecin, rue de Bourgogne, 51.
Weber, vétérinaire, rue Vanneau, 12.
Aloncle, architecte, rue Saint-Benoît, 5.

Membres adjoints.

Roussel, architecte, rue Vanneau, 10.

HYGIÈNE PUBLIQUE.

MM.

Verrier, architecte, rue du Cherche-Midi, 24.
Genaille, architecte, rue Vanneau, 14.
Durand, médecin, rue du Bac, 93.
Sauvel, médecin, rue du Bac, 81.
Chouveroux, architecte, rue de Verneuil, 32.
Hérard, architecte, rue Saint-Dominique, 8.
Mène, médecin, rue du Bac, 103.
Combenes, rédacteur à la *Guerre*, rue du Bac, 42.
Fremaux, médecin, rue de Bourgogne, 41.
Labric, médecin, rue de Varennes, 22.
Rimbault, architecte, rue Casimir-Périer, 17.
Fodéré, médecin, rue Vanneau, 37.
Davout, architecte, rue Vanneau, 40.
Allot, architecte, rue Vanneau, 26.
Moisy, entrepreneur de menuiserie, rue Babylone, 35.
Genourille, médecin, rue de l'Université, 5.
Coutin, médecin, rue Monsieur-le-Prince, 35.
De l'Esguille, médecin, rue de Fleurus, 22.
Dionis, colonel en retraite, passage Sainte-Marie, 9.
Clairin, médecin, rue de l'Université, 34.
Adam, architecte, rue de Lille, 101.
Peschier, médecin, rue de l'Université, 83.
Froëlicher, architecte, rue de Grenelle-Saint-Germain, 180.
Feré, architecte, avenue Lamothe-Picquet, 8.
Vivier, entrepreneur, rue Traverse, 14.
Forestier, entrepreneur, avenue de Tourville, 22.
Pouger, médecin, rue Saint-Dominique, 37.
Cadot, architecte, rue Duvivier, 13.

8ᵉ ARRONDISSEMENT (Séance le 1ᵉʳ mardi du mois, à midi).

Membres titulaires :

Abel (Laurent), maire, *président.*
Despeux, ancien maire, *vice-président*, rue d'Angoulême-Saint-Honoré, 44.

COMMISSIONS D'ARRONDISSEMENTS.

MM.

Burat, ingénieur, *secrétaire*, rue Castellane, 3.
Bruzelin, propriétaire, faubourg Saint-Honoré, 182.
Crétin, architecte, faubourg Saint-Honoré, 182.
Holtot, pharmacien, faubourg Saint-Honoré, 19.
Neboux, médecin, faubourg Saint-Honoré, 83.
Reymond, médecin, rue Matignon, 2.
Franconi, vétérinaire, rue d'Angoulême-Saint-Honoré, 71.
Duflocq, marchand de bois, rue de Rocher, 50.

9ᵉ ARRONDISSEMENT (Séance le 1ᵉʳ mardi du mois, à 2 h. 1/2).

Membres titulaires :

Dabrin, maire, *président*.
Halphen (Gustave), propriétaire, *vice-président*, rue de la Chaussée-d'Antin, 68.
Vuaflart, propriétaire, *secrétaire*, rue de la Tour-d'Auvergne, 36.
Mancel, médecin, rue Bergère, 25.
Colon, médecin, rue Godot-de-Mauroy, 34.
Leblanc père, vétérinaire, faubourg Poissonnière, 19.
Fourneyron, ingénieur, rue Saint-Georges, 52.
Ohnet, architecte, avenue Trudaine, 4.
Benoist, architecte, rue Ollivier-Saint-Georges, 6.
Leblanc (Ferdinand), rue de Trévise, 40.

Membres adjoints :

Yvert, ingénieur, rue d'Aumale, 26.
Bouley fils, vétérinaire, rue de Sèze, 9.

10ᵉ ARRONDISSEMENT (Séance le 4ᵉ jeudi du mois à 8 h. du soir).

Membres titulaires :

Thiébault, maire, *président*.
Vée, propriétaire, *vice-président*, rue de Lancry, 57.
Beaugrand, médecin, *secrétaire*, rue de Bondy, 36.
Christofle, manufacturier, rue de Bondy, 56.
Debussy, manufacturier, rue de la Fidélité, 4.
Patin, médecin, rue du Château-d'Eau, 79.

MM.

Sédille, architecte, rue du Château-d'Eau, 34.
Bergeron, médecin, rue Paradis-Poissonnière, 2.
Poinsot, chimiste, rue Hauteville, 45.
Vuigner, ingénieur, faubourg Saint-Denis, 146.

Membre adjoint :

Guillemette, boulevard Bonne-Nouvelle, 12.

11ᵉ ARRONDISSEMENT (Séance le 2ᵉ lundi du mois, à 4 heures).

Membres titulaires :

Lévy, maire, *président*.
Piat, adjoint, *vice-président*.
Viguès fils médecin, faubourg Saint-Antoine, 59.
Roussin, médecin, boulevard Beaumarchais, 24.
Remond, faubourg Saint-Antoine, 27.
Niquet, vétérinaire, boulevard Beaumarchais, 64.
Armengaud, ingénieur, rue Saint-Sébastien, 45.
Desrocher, architecte, rue des Fossés-du-Temple, 37.
Drouard, fabricant, rue Popincourt, 9.
Bernier, architecte, rue Saint-Pierre-Popincourt, 2.

12ᵉ ARRONDISSEMENT (Séance le 2ᵉ lundi du mois, à 1 heure).

Membres titulaires :

Dupérié-Pellon, maire, *président*.
Hermann, ingénieur-mécanicien, *vice-président*, rue de Charenton-Saint-Antoine, 92.
Morisson, médecin, *secrétaire*, place de l'Église de Bercy, 3.
Jousselin, ingénieur, rue de Bercy-Saint-Antoine, 4.
Duclos, entrepreneur, avenue du Bel-Air, 40.
Reverdy, vétérinaire, rue de Bercy, 24.
Jumieux fils, architecte, avenue du Bel-Air, 36.
Laurent, entrepreneur, rue de Charenton, 76.
Le Couppey, pharmacien, rue de Charenton, 31.
Vallet, propriétaire, route Militaire, 26.

COMMISSIONS D'ARRONDISSEMENTS. 217
MM.
Membres adjoints :

Taillade, entrepreneur, rue Moreau, 15.
Lefaurichon fils, entrepreneur, rue de la Planchette, 23.
Dugas, rentier, avenue du Bel-Air, 34.

Assistent aux séances :

Hugot, adjoint au maire.
Laforge, adjoint au maire.

13e ARRONDISSEMENT (Séance le 2e mercredi du mois, à 3 h.).

Membres titulaires :

Lebel, maire, *président*.
Besançon, manufacturier, *vice-président*, rue du Château-des-Rentiers.
Sénéchal, médecin, *secrétaire*, route d'Italie, 110.
Vollant, médecin, route d'Italie, 74.
Andrieux, parmacien, route d'Italie, 42.
Petit, vétérinaire, rue du Marché-aux-Chevaux.
Renaud, architecte, chemin de fer d'Orléans.
Fedon, ingénieur, chemin de fer d'Orléans.
D'Enfert, manufacturier, rue de la Croix-Rouge.
Andrand, entrepreneur, route de Choisy, 58.

Membre adjoint :

Berger, géomètre, route d'Italie, 79.

14e ARRONDISSEMENT (Séance le 3e samedi du mois, à 2 heures).

Membres titulaires :

Dareau, maire, *président*.
Vossy, propriétaire, *vice-président*, chaussée du Maine.
Pellarin, médecin, route d'Orléans, 71.
Maublanc, médecin, rue Médéah, 11.
Dubrouillet, pharmacien, chaussée du Maine, 25.
Degony, architecte, rue de l'Ouest, 56.
Calard, ingénieur, rue Le Clerc, 8.
Jacquin, vétérinaire, rue de Vanves, 72.

13

218   HYGIÈNE PUBLIQUE.
MM.
Delannoy, ingénieur au chemin de fer d'Orsay.
Sébillotte, propriétaire, rue Méchain, 11.

15ᵉ ARRONDISSEMENT (Séance le 4ᵉ jeudi du mois, à 3 heures).

Membres titulaires :

Aubert, maire, *président*.
Fuilhan, adjoint, *vice-président*, rue de l'École, 16.
Leroux, médecin, *secrétaire*, rue Homet, 77.
Benoist, médecin, rue du Parc, 28.
Béluze, pharmacien, Grande rue de Vaugirard, 143.
Dedôme, blanchisseur de coton, rue des Entrepreneurs, 32.
Desquibes, médecin, rue de Sèvres, 91.
Martin, industriel, rue du Marché, 23.
Vachette, vétérinaire, rue de l'École, 97.
Leconte, architecte, rue Frémicourt, 42.

Membres adjoints :

Fouques, médecin, rue Violet, 25.
Margot, officier retraité, rue Violet, 59.

16ᵉ ARRONDISSEMENT (Séance le 4ᵉ mercredi du mois, à midi).

Membres titulaires :

Le baron Bonemain, maire, *président*.
Deschamp, médecin, *vice-président*, rue de Chaillot, 63.
Machet, pharmacien, *secrétaire*, Grande rue de Passy, 60.
Legrand, constructeur, rue des Bornes, 3.
Samazeuilt, médecin, Grande rue d'Auteuil, 7.
Staül, ingénieur, rue de l'Embarcadère, 32.
Marmottant, médecin, rue Notre-Dame.
Frébault, médecin, Grande-Rue, 75.
Gaucher, ingénieur, avenue Saint-Denis, 23.
Debresseune, architecte, rue Saint-Hippolyte, 23.

Membres adjoints :

Pinel, médecin, avenue de Saint-Cloud, 63.
Guède, médecin, rue Surger, 17.

COMMISSIONS D'ARRONDISSEMENTS.

MM.

17ᵉ Arrondissement (Séance le 1ᵉʳ samedi du mois, à 2 heures).

Membres titulaires :

Balagny, maire, *président.*
Brey, architecte, *vice-président*, rue de l'Arcade, 16.
Baldy, docteur, *secrétaire*, rue Bénard, 42.
Barberot, propriétaire, Grande-Rue, 21,
Deschaumes, médecin, avenue des Ternes, 2.
Douay, propriétaire, avenue de Clichy, 47.
Duchadoz, propriétaire, avenue de Clichy, 43.
Faucher, pharmacien, rue de la Paix, 53.
Marot, architecte, rue de Puteaux, 14.
Moulion, médecin, rue Saint-Georges, 7.

Membres adjoints :

Belim, inspecteur des Contributions directes, rue Lemercier, 71.
Bènoît, ingénieur, rue Trézel, 25.
Froux, architecte, rue du Garde, 18.
Jacquin, ingénieur, rue de l'Église, 20.

18ᵉ Arrondissement (Séance le 4ᵉ mardi du mois à 11 heures).

Membres titulaires :

Le baron Michel de Trétaigne, maire, *président.*
Michel de Trétaigne, fils, *vice-président.*
Arrault, chimiste, *secrétaire*, rue de l'Empereur, 11.
Hubert, médecin, rue des Couronnes, 2.
Dodin, architecte, rue de l'Abbaye, 48.
Cochin, entrepreneur, rue Doudeauville, 34.
Delevoy, architecte, rue du Château, 12.
Trubert, propriétaire, rue du Château, 12.
Veuillot de Carteville, rentier, rue Labat, 21.
Buisson, pharmacien, rue des Poissonniers, 27.

Membres adjoints :

Pappert, architecte, rue Lenôtre, 18.
La Valley, propriétaire, rue de Jessains, 6.
Cottin fils, propriétaire, chaussée Clignancourt, 15.

HYGIÈNE PUBLIQUE.

MM.

19ᵉ ARRONDISSEMENT (Séance le 4ᵉ mardi du mois à 2 heures).

Membres titulaires :

Micol, maire, *président*.
Laloy, médecin, *vice-président*, rue de Paris, 169.
Vilain, architecte, boulevart Magenta, 184.
Charles, propriétaire, rue de Romainville, 25.
Lessore, officier de santé, rue de Paris, 123.
Labamville, pharmacien, rue de Paris, 163.
Maillard, architecte, rue de la Villette, 69.
Ferrard, médecin, rue d'Allemagne, 125.
Lelongpetit, propriétaire, rue de Nancy, 11.
Mallet, vétérinaire, rue de Flandre, 65.

Membres adjoints :

Bayeux, entrepreneur, rue des Solitaires, 37.
Langlois, entrepreneur, rue de Flandre, 28.
Fierré, entrepreneur, rue de la Villette, 9.
Penel, pharmacien, rue d'Allemagne, 125.
Haurat, pharmacien, rue de Flandre, 92.

20ᵉ ARRONDISSEMENT (Séance le 4ᵉ samedi du mois, à 3 heures).

Membres titulaires :

Heret, adjoint, *président*, délégué.
Guillier, médecin, *vice-président*, rue de Paris, 72.
Jacques, chimiste, *secrétaire*, boulevart de Fontarabie, 36.
Chaillery, médecin, rue de Paris, 9.
Boureau-Latil, pharmacien, rue Ménilmontant, 49.
Ancelet, architecte, rue au Maire, 22.
Mouny, entrepreneur, rue de Paris, 66.
Meunier, propriétaire, rue Levert, 6.
Declion, propriétaire, rue de Lamare, 40.
Landais, propriétaire, rue Saint-Fargen, 20.

SAINT-DENIS (Séance le 1ᵉʳ jeudi du mois, à 2 heures).

Le sous-préfet, *président*.

MM.
Leroy des Barres, médecin, *vice-président*, à Saint-Denis.
Bagnet, médecin, *secrétaire* à Neuilly.
De Fontanges, ingénieur.
Gelis, chimiste.
Hefai, pharmacien.
Decambeaux, vétérinaire, au Bourget.
Lequeux, architecte de l'arrondissement.
Zambeaux, manufacturier à Saint-Denis.
Blondel, inspecteur général de l'Assistance publique.

SCEAUX (Séance le 3e mardi du mois, à 1 h. 1/2)

Le sous-préfet, *président*.
Thoré, médecin, à Sceaux, *vice-président*.
Bourdin, médecin à Choisy, *secrétaire*.
Sausade, pharmacien à Sceaux.
Mahyer, ingénieur de l'arrondissement.
Naissant, architecte.
Renault, directeur de l'École d'Alfort.
Horfroy, industriel à Ivry.
Mahieu, entrepreneur, maire de Saint-Maur.
Périer, carrier, maire de Montrouge.

SAINT-CLOUD, SÈVRES ET MEUDON (Séance le 4e mardi du mois à 2 h.).

Le maire de Saint-Cloud, *président*.
Baduel, médecin à Sèvres, *vice-président*.
Dufilho, pharmacien à Saint-Cloud, *secrétaire*.
Malhien, vétérinaire à Sèvres.
Bérault, architecte à Saint-Cloud.
Dubois, architecte à Meudon.
Schneider, suppléant de juge de paix à Sèvres.
Bouquet, propriétaire à Sèvres.
Bitterlin, propriétaire à Saint-Cloud.
Froust père, ingénieur à Meudon.
Froust fils, ingénieur à Meudon.

TABLE DES MATIÈRES.

Préface.. v
Introduction... 1

PREMIÈRE PARTIE.

Chapitre Ier. Salubrité des habitations et des établissements
            publics.. 7
— II. Service des vidanges et des engrais......... 18
— III. Insalubrité de la voie publique............ 27
— IV. Maladies professionnelles................... 31
— V. Alimentation................................. 35
— VI. Secours publics, établissements mortuaires,
            décès, épidémies............................. 55

SECONDE PARTIE.

Chapitre Ier. Établissements dangereux, insalubres ou in-
            commodes...................................... 71
— II. Travail des peaux et autres débris d'animaux. 75
— III. Corps gras................................. 84
— IV. Huiles minérales et essentielles, goudron,
            vernis... 91
— V. Produits chimiques et pharmaceutiques...... 99
— VI. Éclairage par le gaz....................... 109
— VII. Amidonneries, dextrines, etc.............. 115
— VIII. Lavoirs publics. Buanderies. Industries di-
            verses... 119
— IX. Appareils à vapeur. Travail des métaux..... 129
— X. Industrie céramique.......................... 138
— XI. Explosions. Incendies....................... 141
Conclusion.. 151
Notices biographiques... 155
Nomenclature des établissements classés........................... 171
Noms des Membres des Commissions d'hygiène des 22 arron-
dissements de la Seine... 208

FIN DE LA TABLE DES MATIÈRES.

RÉPERTOIRE

DES MATIÈRES

EXTRAITES DU RAPPORT DE M. TREBUCHET.

A

Abattoirs publics..	71
— d'Aubervilliers.	83
— particuliers..	72
Accidents.	24
— causés par les sels de plomb	51
Acide nitrique.	102
— picrique.	102
— pyroligneux.	102
— stéarique et bougies (fabriques d').	87
— sulfurique.	102
— urique et murexide.	104
Acétate de soude brut (torréfaction d').	103
Accidents par le gaz.	113
Affinage de l'or ou de l'argent	132
Alcool et liqueurs (distilleries d').	118
Alimentation.	35
Allumettes chimiques..	143
— au phosphore amorphe.	144
Amidon extrait des marrons d'Inde.	116
Amidonneries.	115
Amphithéâtres d'anatomie.	62
Aplatissage de cornes.	80
Appareils à vapeur..	129
Apprêteurs et peigneurs de peaux.	78
Arrondissement de St-Denis.	28
— de Sceaux.	29
Artifice (fabriques d').	29
Asphalte et bitume laminés.	95
Asphyxiés (secours aux).	55
Ateliers de construction.	131
— de dérochage et de décapage.	135
— d'impression sur étoffes.	127
Aubervilliers..	28

B

Bains publics.	14
— d'eau de mer à Paris.	17
Batignolles..	28
Battage de métaux.	136
Bergeries.	75
Bicêtre (hospice de).	29
Bitume et asphalte laminé.	95
— (fabriques de).	95
— et goudron (travail des).	94
Blanchissage.	34
Blessés (secours aux).	55
Bleu d'indigo (fabriques de).	107
— de Prusse (fabriques de).	107
Boissons	45
Bondy..	29
Borax (fabrication du).	107
Bougies (fabriques de).	87
Bouillon (pastilles colorées pour).	43
— comprimé.	43
— réduit.	44
Boulangerie.	36
Boyauderie.	78
Brasserie.	117
Briqueterie et tuilerie.	139

Brodeurs et dessinateurs. . . 34
Buanderies 119

C

Cadavres (transport de) . . . 62
Café. 50
Cabinets d'aisances publics. . 23
Calorifères. 8
Camphre (raffinage du). . . 105
Canal Saint-Martin. 27
Caoutchouc (fabrication et application du). 107
Caramel (fabriques de). . . . 118
Carbonate d'ammoniaque (fabrication de). 105
Carbonisation du bois. . . . 147
Carbonisation de la tourbe. . 147
Carton (fabriques de). 127
Céruse (fabriques de). 32
Chamoiseries. 77
Chantiers de bois. 145
Chandelles (fabriques de). . . 88
Chanvre (rouissage du).. . . 128
Chapeaux (fabriques de).. . . 98
Charbons. 9
— artificiels.. 147
— de bois (magasins et débits de). 145
Charcuteries 73
Chauffage et ventilation des établissements publics. . . 9
Cheval (viande de). 39
Chicorée. 50
Chiffonniers. 82
Chlorures alcalins (fabriques de). 127
— de chaux pour blanchissage. 34
Chocolats. 51
Chromate de plomb. 105
Cimetières. 64
Ciment hydraulique. 140
Cités ouvrières. 10
Cirage (fabrication du). . . . 97
Colle-forte (fabriques de). . . 79
Colle de peaux. 79

Collodion. 108
Colombes (commune de). . . 28
Combustion de la fumée. . . 129
Constatation des naissances à domicile.. 68
Cornes (aplatissage de). . . . 80
Corroieries.. 76
Couleries de bougie. 88
Courbevoie (commune de). . 28
Craie de Meudon en poudre. . 135
Crèches. 11
Crin (préparation du). . . . 81
Cristalleries. 138
Cuirs verts (dépôts de) . . . 75
Cuirs vernis et vernis (fabrication et application des) . 96
Curcuma-rocou 46

D

Décès (statistique des). . . . 65
Dégras (fabriques de). . . . 90
Dépôt de combustibles. . . . 145
— de cuirs verts. 75
— d'huile de schiste et de liquides inflammables. . . 93
— de vidanges et d'immondices. 25
Dérochage et décapage (ateliers de). 135
Désinfectant (liquide) 24
Désinfection des fosses d'aisances. 18
Dessinateurs en broderie. . . 34
Destruction des insectes (préparations diverses pour la). 108
Dextrine. 117
Dilatomètre alcoolique de Silbermann. 4
Distillation des matières grasses. 87
— de l'huile de schiste . . . 91
Distillerie d'alcool et de liqueurs. 118
Distillerie dite *agricole*.. . . 119
Doreurs sur métaux. 136

RÉPERTOIRE.

E

Eau.	49
— diverses.	53
— de Javelle (fabriques d').	127
Éclairage de l'intérieur des habitations.	114
Écoles des filles à Sèvres.	10
Écoulement d'eaux acides sur la voie publique.	135
Églises (sous-sols des).	10
Électricité.	68
Émaux.	138
Embaumements.	62
Encre à écrire (fabriques d').	97
Encre d'imprimerie et lithographique (fabrication d').	97
Enghien (lac d').	31
Engrais (fabriques d').	26
— dit *concentré*.	26
Épidémies.	65
Épizooties.	65
Épuration des huiles.	91
Essayeurs du commerce.	136
Essence de menthe falsifiée.	108
Établissements publics.	9
Établissements de produits chimiques.	99
Étamage.	137
Étoffes arsenicales.	34
Extraction des corps gras des eaux savonneuses.	90

F

Fabrication et applications diverses du caoutchouc.	107
— du vernis et cuirs vernis.	96
— du bleu de Prusse.	107
— du borax.	107
— du carbonate d'ammoniaque.	105
— de l'encre à écrire et du cirage.	97
— de l'encre d'imprimerie et lithographique.	97
Fabriques d'acides.	102
Fabriques d'acide stéarique et de bougies.	87
— d'artifice.	145
— de bitume.	95
— de bleu d'indigo.	107
— de caramel.	118
— de carton.	127
— de chandelles.	88
— de chapeaux.	98
— de chlorures alcalins.	13
— de colle-forte.	79
— de dégras.	90
— d'eau de Javelle.	127
— d'engrais.	26
— et épuration d'huile.	91
— de gélatine.	79
— d'huile de pieds de bœuf.	80
— de laque.	98
— de noir animal.	81
— d'orseille.	105
— de papiers peints et de papiers vernis.	98
— de porcelaine, faïence et poterie.	139
— de potasse.	106
— et raffinerie de salpêtre.	106
— de savon.	89
Faïence, porcelaine et poterie (fabriques de).	139
Falsification du lait.	47
Fanons de baleine.	80
Fécule soluble.	116
Féculeries.	116
Fers émaillés.	138
Filtrage des eaux par le procédé Souchon.	49
Fonderies.	134
— de métaux.	133
Fonte de suifs et de graisses.	84
Forges de grosses œuvres.	131
Fosses à siphon.	24
— d'aisances (vidange et désinfection des).	18
Fours à plâtre et à chaux.	140
Fulminate de mercure (transport du).	142
Fumée (combustion de la).	129

G

Gaz hydrogène extrait de l'eau	114
— portatif comprimé	114
Gazo-compensateur	112
Gazomètres-usines	109
Gélatine (fabriques de)	70
Génevilliers (commune de)	28
Goudron et bitume (travail des)	24
Grains ergotés	38
Graisses et suifs (fonte de)	84

H

Habitations	7
Habitations en bois et mobiles	11
Hongroieries	77
Huiles (fabriques et épuration des)	91
Huiles grasses et huiles de résine	92
Huile de pieds de bœuf (fabrique d')	80
Huiles de schiste (distillation des)	91
Huiles de schiste et de liquides inflammables (dépôts d')	93
Hydrophobie	67

I

Ile Saint-Denis	28
Immondices (dépôts d')	25
Incendies spontanés	148
Infiltration du gaz sous la voie publique	111
Inhumations précipitées	60
Insalubrité de la voie publique	27
Insectes (préparations diverses pour la destruction des)	108
Imbibition des pierres calcaires tendres avec le goudron	94
Impressions sur étoffe (ateliers d')	127

K

Kermès falsifié	

L

Lac d'Enghien	31
Lactodensimètre	48
Lait (falsification du)	47
Laque (fabriques de)	98
Lavage du linge des hôpitaux	125
Laveurs de cendres d'orfévres	137
Lavoirs publics	119
Leclaire (réactif)	46
Lin (rouissage du)	128
Liqueurs (distilleries de)	118
— et sucreries colorées	51
Liquide désinfectant	24
Lumière électrique	69
Lustreurs en pelleterie	78

M

Machines soufflantes	131
Maladies contagieuses	65
Marchés de la Vallée et du Temple	13
Marteaux-pilons	131
Maladies professionnelles	31
Maroquineries	77
Marrons d'Inde (amidon extrait des)	116
Métal des conduits (questions relatives au)	111
Mégisseries	77
Meudon (commune de)	30
Montgolfières (danger des)	149
Montmartre (commune de)	29
Morgue	65
Morve aiguë	66
Moyens de reconnaître la pureté du gaz	112
— préservatifs des incendies	149
— d'utiliser, à Constantinople, les débris d'animaux	83
Musellement des chiens	68

RÉPERTOIRE.

N

Naissances (constatation à domicile des). 68
Neuilly (commune de). . . . 29
Nogent-sur-Marne (commune de). 29
Noir animal (fabriques de). . 81
— de fumée 94
Noyés (secours aux). . . . 55

O

Orseille (fabriques d'). . . . 105
Ouvriers cérusiers. 32
— des fabriques d'allumettes chimiques 34
— fondeurs en cuivre et en bronze. 33
Oxyde de carbone (emploi de l'). 140

P

Palamont des Turcs. 45
Papiers peints et papiers vernis (fabriques de). 98
Paris (ville de). 27
Pastilles colorées pour le bouillon 43
Pâte phosphorée 109
Peaux (sécrétage des). . . . 77
Peigneurs et apprêteurs de peaux 78
Peinture 9
Pendaison (asphyxie par) . . 59
Pilules d'iodure de fer. . . . 108
Plaintes contre le gaz 113
Poils de lapins (sécrétage des) 77
Porcelaine, faïence et poterie (fabriques de). 139
Porcheries 72
Potages concentrés 43
Potasse (fabriques de). . . . 106
Potiers d'étain 134
Poudre fulminante 141

Préparations diverses pour la destruction des insectes. . 43 108
— du crin. 81
Prisons (visite des) 12
Procédés de conservation des viandes. 42
Produits ammoniacaux . . . 104
— chimiques (établissements de). 99
— divers classés 105
— divers non classés. . . . 99
— pharmaceutiques 108
Prussiate de potasse. 106
Pureté du gaz (moyens de reconnaître la). 112

R

Rachaout des Arabes. 45
Raffinage du camphre. . . . 105
— du sel ammoniac. 105
Raffineries de salpêtre. . . . 106
— de sel. 106
— de sucre 118
Réactif Leclaire. 46
Revalescière. 45
Révivification du noir animal. 82
Rouissage du chanvre et du lin 128

S

Saint-Cloud (commune de) . 31
Saint-Denis (arrondissement de). 28
Saint-Martin (canal). 27
Salpêtre (fabriques et raffineries de) 106
Savon (fabriques de). 89
Sceaux (arrondissement de). 29
Secours aux noyés, asphyxiés ou blessés 55
Sécrétage de peaux et poils de lapin. 77
Sel ammoniac. 104
— de plomb (accidents causés par les). 51
— raffineries de) 106

228 RÉPERTOIRE.

Service médical des théâtres. 13
Sèvres (commune de). . . . 30
— (école des filles de). . . . 10
Siccatif brillant (vernis à l'alcool). 97
Silbermann (dilatomètre alcoolique de). 45
Sirop de fécule (emploi du). . 117
— de glycose et de fécule. . 117
Solenta. 45
Souchon (procédé pour le filtrage des eaux). 49
Sous-sols des églises. 10
Statistique des décès. 67
Sucre (raffineries de) 118
Sucreries et liqueurs coloriées 51
Suifs et graisses (fonte de).. . 84
Sulfates de zinc, de fer, de cuivre et d'alumine 105

T

Tanneries. 76
Temple (marché du). 13
Teintureries. 125
Théâtres (service médical des) 13
Toiles cirées 96
Torréfaction de l'acétate de soude brut. 103
Transport des cadavres . . . 62
Travail du goudron et du bitume. 94
Triperies 73
Trottoirs en dallage et bitume (exécution des). 95

Tueries 72
Tuileries et briqueteries . . . 139

U

Usines-gazomètres. 109

V

Vacheries. 74
Vallée (marché de la) 13
Vapeur (appareils à) 129
Vases de cuivre et autres métaux. 61
Ventilation et chauffage des établissements publics. . . 9
Verreries. 138
Vernis à l'alcool (dit siccatif brillant). 97
Vernis et cuirs vernis (fabrication et applications diverses des). 96
Vernissure des métaux. . . . 97
Viande de cheval (emploi à l'alimentation de la) . . . 39
— (procédés de conservation des) 42
— signalées comme étant impropres à l'alimentation. . 41
Vidanges (dépôts de) 25
— et désinfection des fosses d'aisances 18
Ville de Paris. 27
Visite des prisons. 12
Voie publique (insalubrité de la). 27

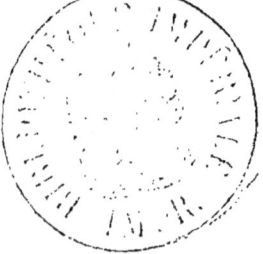

FIN DU RÉPERTOIRE.

LIBRAIRIE MÉDICALE DE GERMER BAILLIÈRE.

AUBER (Ed.). **Hygiène des femmes nerveuses**, ou Conseils aux femmes pour les époques critiques de leur vie. 1844, 2ᵉ édition, 1 vol. grand in-18. 3 fr. 50

BOUCHARDAT. **Le travail**, son influence sur la santé (conférences faites aux ouvriers). 1863, 1 vol. in-18. 2 fr. 50

BRIERRE DE BOISMONT. **Des hallucinations ou Histoire raisonnée des apparitions**, des visions, des songes, de l'extase, du magnétisme et du somnambulisme. 1862, 3ᵉ édition très augmentée. 7 fr.

CASPER. **Traité pratique de médecine légale**, rédigé d'après des observations personnelles, par Jean-Louis Casper, professeur de médecine légale de la Faculté de médecine de Berlin ; traduit de l'allemand sous les yeux de l'auteur, par M. Gustave Germer Baillière. 1862, 2 vol. in-8. 15 fr.
— Atlas colorié se vendant séparément. 12 fr.

JEANNEL (J.). **Mémoire sur la prostitution publique**, et parallèle complet de la prostitution romaine et de la prostitution contemporaine, suivis d'une étude sur le dispensaire de salubrité de Bordeaux. 2ᵉ édit. 1863, 1 vol. in-8. 4 fr. 50

ÉLIPHAS LÉVI. **Dogme et rituel de la haute magie**. 1861, 2ᵉ édit., 2 vol. in-8, avec 24 figures. 18 fr.

ÉLIPHAS LÉVI. **Histoire de la magie**, avec une exposition claire et précise de ses procédés, de ses rites et de ses mystères. 1860, 1 vol. in-8, avec 90 fig. 12 fr.

FABRE. **Dictionnaire des dictionnaires de médecine français et étrangers**, avec un volume supplémentaire rédigé sous la direction du professeur Ambroise Tardieu. 1851, 9 vol. in-8. 45 fr.

MANDON. **Histoire critique de la folie instantanée, temporaire, instinctive**, ou Étude philosophique, physiologique et légale des rapports de la volonté avec l'intelligence pour apprécier la responsabilité des fous instinctifs, des suicides et des criminels, par M. Mandon, docteur en médecine à Limoges, ancien interne, lauréat des hôpitaux et de la Faculté de Paris. 1862, 1 vol. in-8, de 212 pages. 3 fr. 50

MUNARET. **Le médecin des villes et des campagnes**, 3ᵉ édition augmentée, 1862, 1 vol. gr. in-18. 4 fr. 50

SANDRAS (feu) et BOURGUIGNON. **Traité pratique des maladies nerveuses.** 1860-1861, 2ᵉ édit., entièr. refondue, 2 vol. in-8, 12 fr.

WOILLEZ (Madame). **Les médecins moralistes**, Code philosophique et religieux extrait des écrits des médecins anciens et modernes, notamment des docteurs français contemporains, par madame Woillez ; avec un discours préliminaire de feu le professeur Brachet (de Lyon), et une notice par le docteur Descuret. 1862, 1 vol. in-8. 6 fr.

Paris. — Imprimerie de L. MARTINET, rue Mignon, 2.

www.ingramcontent.com/pod-product-compliance
Lightning Source LLC
Chambersburg PA
CBHW070532170426
43200CB00011B/2401